U0067654

SIMPLY NIGELLA

系列名稱 / EASY COOK
書　名 / 簡單而豐富・快速又滿足：奈潔拉的140道療癒美味
作　者 / 奈潔拉羅森 NIGELLA LAWSON
出版者 / 大境文化事業有限公司
發行人 / 趙天德
總編輯 / 車東蔚
翻　譯 / 胡淑華
文編・校對 / 編輯部
美　編 / R.C. Work Shop
地址 / 台北市雨聲街77號1樓
TEL / (02)2838-7996
FAX / (02)2836-0028
初版日期 / 2016年5月
定　價 / 新台幣 980元
ISBN / 9789869213158
書　號 / E105

讀者專線 / (02)2836-0069
www.ecook.com.tw
E-mail / service@ecook.com.tw
劃撥帳號 / 19260956大境文化事業有限公司

原著作名 SIMPLY NIGELLA by NIGELLA
作者 NIGELLA LAWSON
原出版者 Chatto & Windus

國家圖書館出版品預行編目資料
簡單而豐富・快速又滿足：奈潔拉的140道療癒美味
奈潔拉羅森 NIGELLA LAWSON 著：-初版.-臺北市
大境文化，2016[民105] 416面；19×26公分.
(EASY COOK：E105)
ISBN 9789869213158
1.食譜　427.1　105006475

本書獻給 Mimi 和 Bruno

CONTENTS

目錄

INTRODUCTION
前言

烹飪，是一種具療癒性的行為，這已經是老生常談了。當然，有時是如此沒錯，但對我來說，烹飪是積極過生活的一種表現，透過玩樂的精神，展現出對人生的希望。今日的我，重新獲得這樣的能力，本書也因此而生。

當然，連我也有提不起勁做菜、或沒有屬於自己的廚房，卻仍必須負責將食物端上餐桌的時候，為此，我心懷感恩。因為，烹飪若是完全脫離了維持生命的必要性，便失去了它的脈絡和目的。我下廚的用意，是為了給自己與他人帶來樂趣，但它的首要目標在於維繫生命，接著才是營造生活。

我們不斷地在生活中創造自己的小小世界；對我來說，廚房就是這一切的核心。以前，廚房是我的避風港，是我能夠全心發揮創意的地方，其中的工作成果，都集結在之前的食譜書中。然而，這本書卻不一樣。我首先得透過烹飪使自己堅強起來。你絕對不會聽到我討論「健康」食物。我討厭這個用詞，更討厭當今所謂的「潔淨飲食 clean eating」教條主義。在多年前的 How To Eat，我曾經寫到：「我厭惡的，是一種新世紀的巫毒飲食觀，認為食物可以用簡單的二分法，區分成對人體有害和有益的，以為好的飲食就可以造就出好的人，也就是瘦骨嶙峋而靈活、肌肉強健有活力 ... 我覺得這種觀點危險極了，簡直就是助長納粹主義（崇拜人體外型的完美）和清教徒主義（對肉體欲求懷有恐懼，相信唯有否認慾望才能得到救贖）」。

潔淨飲食（clean-eating）所鼓吹的一切，似乎正是我所有恐懼的體現。食物並不骯髒，肉體的慾望，是生命的基本元素，不論我們怎麼吃，都躲不過生老病死。我們不能靠著控制飲食來控制人生。但是，選擇如何烹飪以及進食，卻是掌控自我的最好方式。

在這本書裡，你會看到我曾經為自己料理的食物。我一直認為，自己動手做的東西，基本上就是有益的，雖然原始動機是要強健身體。不只因為新鮮食材勝過加工食品，也因為捲起袖子走進廚房，本身就是一種積極的態度和行為，一種慈悲的表現。我看過很多關於「全心飲食 mindful eating」的文章，卻很少看到有人討論「全心烹飪 mindful cooking」。當我下廚烹飪時，我全心專注在簡單的廚房儀式裡，在切菜、攪拌、嚐味的過程中，沉醉於由風味、感官刺激，和操作步驟所建構而成的世界裡。

於此同時，這本書也參與了我經營一個新家的過程與喜悅。我欣賞著新廚房的色調，正好和本書相呼應，同時環顧我所打造的一切，不禁泛起微笑。當然，這本書也訴說出關於我生活的故事：我是如何宴請朋友和家人、我從食物中所得到的美感情趣，以及我對烹飪的信仰：它應該使生活更輕鬆、使我們更快樂積極、讓我們能夠與自己、他人以及全世界更親近。

A NOTE ON INGREDIENTS AND UTENSILS

對食材和用具的小提醒

當初請我寫下第一本書的編輯曾說：How To Eat就是一本"豌豆、馬沙拉酒和大黃的食譜書"。沒錯，我就是一個對某些食材有著間期性狂熱的人。在本書中你可以看到，我使用大量的冷壓椰子油、生薑、辣椒和綠檸檬：我現在做菜時，似乎就是少不了它們。我的食譜書，就是日常的食記與做法紀錄，因此必定會反映出我目前的熱情焦點。

材料單裡的食材，並非總是能在一般超市買到，但一定可以在網路上購得，而且我確保這些異國材料能被妥善利用。我不喜歡不必要的購物，相信你也是一樣。雖然我喜歡烹飪帶來的固定儀式，但也覺得偶爾必須打破慣例和固定的菜單，即使這表示我的食品櫃又會多了一些東西。我也要強調一點：當我要你特別去亞洲超市或網路商店採購某樣東西時，一定是因為那裡比超市更便宜、品質更好。你可以登入網路，在 **www.nigella.com/books/simply-nigella/stockists** 便可找到這些異國食材的供應商名單。別擔心，只有小部分的食譜需要你這麼做。

本書中會用到短梗糙米（short grain brown rice）；請注意，這和一般糙米不同：它的烹調時間較短，對液體的吸收度也不同。

本書有幾道食譜，都會用到焦糖化大蒜（caramelized garlic），也一併附上了製作方式，讓你可以用高溫烤箱做出一整批。但更完美的方式是，當烤箱剛好在烤其他食物時就順便利用，如果溫度不夠高，就烤久一點。舉例來說，本來是用 220°C /gas mark 7的烤箱，烤上45分鐘，當烤箱只有170°C /gas mark 3時，就需烘烤2小時，你可自行找出其中的平衡點。在廚房做菜的原則就是要懂得變通，而不是受到食譜的限制。

本書許多食譜都會用到去皮磨碎的生薑。將生薑去皮最簡單的方法，就是用小湯匙尖來刮。最佳磨碎工具則是 Microplane 超細刨刀（fine-grater），它還能用來磨碎大蒜和柑橘類的果皮。

本書使用的椰子油一律為冷壓（cold-pressed），包裝上可能會標示為"raw"或"extra-virgin"，和去味（deodorized）或精煉（refined）版本截然不同。椰子油在低溫時為固態，超過24°C時則會融化成液態。

食譜所使用的蛋皆為大型，最好是自由放牧的有機雞蛋。

進行烘焙時，所有材料都應事先回復室溫，除非另外註明。

某些食譜（如烘焙類、一般會加奶製品或麵粉的食譜），我特別註明為無奶（dairy-free）或無麥麩（gluten-free）的版本，在索引處，也會特別用顏色標示出來：綠色為無奶；粉紅色為無麥麩。

我在烹飪和享用時，偏好使用粗海鹽（sea salt flakes），食譜裡所標示的分量，可不能代換成一般的細鹽（fine salt）；使用細鹽時，請將分量減半。

食譜中若未註明冷凍保存或事先準備的方法，則表示我不建議你如此處理。

在某些食譜中，我覺得使用美式量杯（現在英國很容易買到了）來測量食材比較容易時，我便會以量杯來標示，並以括弧附上公制（metric）。請記得，美式量杯是容量，而非重量度衡單位，因此除非是液體，否則我無法提供你其他單位的現成代換值。

本書許多食譜都建議使用鑄鐵鍋來料理（雖然我也提供了替代方案），因為如果保養得宜、定期養鍋（season），鑄鐵鍋是最有效率的不沾鍋具，不但可在瓦斯爐上使用，也可直接送入烤箱內。一般上了不沾塗料的不沾鍋，免不了定期更換，鑄鐵鍋卻能用一輩子。我自己的鑄鐵鍋是基本款，也不貴，但我覺得很好用，它的原料來自人類具悠久開採歷史的鐵礦，雖然沉重，但令我感到安心。使用鑄鐵鍋時，我覺得彷彿和準備食物的祖先，產生了一種悠遠的傳承關係。許多食譜用的是底部厚重的上釉鑄鐵鍋具（enamelled cast iron），並附有密合鍋蓋；如果你的鍋具沒有那麼堅固，烹調時間便可能需要調整。除了鑄鐵鍋具，我的廚房最近也添購了一個比較奢侈的慢燉鍋（a slow cooker）。像鑄鐵鍋具一樣，它的受熱均勻，降溫慢，沒有熱點（hot spots）的問題。而且，可分離的鍋子部分可放在瓦斯爐上和烤箱內使用。

我在食譜裡通常會標示出鍋具的尺寸，以供參考，但是有固定尺寸的烤皿則另當別論。

我用的是一般電烤箱（conventional electric oven），如果你用的是風扇輔助或旋風式烤箱（fan or convection oven），請參考使用手冊來調整溫度。

QUICK AND CALM 快速而從容

QUICK AND CALM
快速而從容

我發現，現在食譜書作者之間有一種不可取的傾向，就連我自己也免不了偶爾落入這個圈套，就是要求讀者在廚房裡工作的同時，不禁緊張地道歉。我們總是強調，這道食譜如何省事，褒揚這短短的準備時間。沒錯，這一章裡的食譜簡單、快速，一點也不麻煩。但我可不會為了你在廚房所待的時間而道歉，因為這就是我想要待的地方。

在別處你可以找到餵飽一大群人的食譜，或是符合不同的場合；這一章主要是針對可快速準備的晚餐，通常是兩人份（當然你也可以自行調整份量），菜色也是我在忙碌的一天過後，感覺最有撫慰效果的。但我不只要求餐桌上的食物對味、吃了以後滿足，也想要享受之前的準備工作，站在爐子之前，將心思放空，或者是說，從忙亂的頭腦移到雙手之上，這就是一種舒壓。我不想準備太過勞神的東西，但我想動手做菜；如果選對了食譜，這個過程就不會有壓力，反而有舒緩心神的效果。

當然，忙碌的一天過後，不是每個人都想再踏進廚房，但是「晚餐十分重要 much depends on dinner」，在一天的尾聲，若得不到滿足的食物，我會覺得心神不平衡。以下的食譜，確保我能獲得一個平靜的夜晚、一頓美味晚餐，使我覺得，沒有什麼比此時此刻待在廚房裡，更美好的了。

A riff on a Caesar salad

變奏凱薩沙拉

有人認為，所謂的經典菜，就是經過歲月的考驗仍能屹立不搖的菜色，因此要是胡亂加以變化便是一種褻瀆。這種論調雖然聽起來高尚，但我認為有本質上的缺陷。所謂的經典菜，就和經典文學作品一樣，本來就能經得起時代的考驗，而且能夠任由後人引申出多種詮釋。

我曾經重新詮釋過凱薩沙拉。在 How To Eat 書中，我將傳統的烤麵包塊用馬鈴薯小丁（烤到酥脆，趁熱拌入沙拉）代替，並且仍常這麼做。這裡的新版本較為辛辣，和原始食譜的差別更大，對我來說，正是忙碌的一天過後適合享用的完美晚餐，或是懶散周六的優雅午餐。如果想念裡面的麵包塊，我建議你可以用一片麵包刷上特級初榨橄欖油，搭配著啃食。

2 人份

蘿蔓生菜心（romaine heart）1 顆

烹調用（regular）橄欖油 2大匙 ×15ml

大蒜 1 瓣，去皮磨碎或切碎

油漬鯷魚（anchovy fillets）4片，切碎

無蠟黃檸檬的磨碎果皮（zest）和果汁 ½ 顆，外加 ½ 顆上菜用的量

葵花籽油 2大匙 ×15ml

雞蛋 2顆

帕瑪善起司，上菜時削上

- 將烤箱預熱到220℃ /gas mark 7。
- 將蘿蔓生菜縱切對半，放在小型烤盤或鋁箔烤盤上，切面朝上。在碗裡混合橄欖油、大蒜末和切碎的鯷魚，舀在生菜上。將烤盤放入烤箱中，加熱 10分鐘，加上磨碎的黃檸檬果皮和果汁，再送回烤箱加熱 5 分鐘，直到變軟、周圍略帶焦色。
- 取一個小型鑄鐵鍋，或底部厚重的不沾平底鍋（尺寸剛好可煎2顆雞蛋，我用的直徑為20公分），倒入葵花油。油熱時，打入一顆雞蛋，再打入另一顆雞蛋，煎到蛋白煮熟，但蛋黃尚未完全凝固。
- 將半塊的蘿蔓生菜放到個人餐盤上，加上 1 顆煎蛋。用蔬菜削皮刀，削上條狀帕瑪善起司，再配上黃檸檬角，以便自行擠上享用。

Brocamole
青花菜酪梨醬

這個名字－以及食譜的靈感－是從 mon cher confrère（法：我的同事），Ludo Lefebvre 那裡得來的。如你所猜想，這就是用青花菜做成的酪梨醬（雖然他的原始食譜根本不含酪梨）。剽竊他的食譜名稱，我不心虛，因為畢竟這是來自他與我同名的食譜書，叫做 Ludo Bites...

雖然這道食譜是招待訪客時，搭配玉米脆片的理想蘸醬（chip－and－dip），但我喜歡做成安靜的沙發晚餐，抹在酸種麵包上，或蘸著 crudités（生蔬菜條）吃，或兩種都來。我並非總是端坐在餐桌上用餐，也無意為此道歉。有些日子就是需要在沙發上癱一下，而我需要食物將我從近乎崩潰的狀況中解救出來。這就是這樣的一道食譜。

這裡的份量不少，也能夠保存（是有點奇怪，因為含有酪梨），第二天再搭配生蔬菜條蘸著吃，或是當成蕎麥冷麵（cold soba)(或其他種類麵條）的醬汁，再拌上一點烘烤南瓜籽，就是美味的午餐便當。

可做出約600ml，4－6人份，或是當作搭配飲料的蘸醬可供8人份

青花菜1顆（短莖的，非嫩長莖的）

蔬菜油½杯（125ml）

特級初榨橄欖油1大匙×15ml

熟酪梨1顆

蔥2根，修切過，稍微切碎

芫荽1小把

新鮮綠辣椒1根

綠檸檬汁2顆

粗海鹽適量

- 切下青花菜的花束部位，切小塊，放入一大鍋加了鹽的滾水中煮約3分鐘，直到呈現美國人所說的爽脆口感。
- 瀝乾，立即浸入冰水中。變冷後，再度徹底瀝乾，倒入食物料理機內，加入所有的油，打碎成濃稠泥狀。
- 將酪梨切半去核，將果肉舀入食物料理機內。加入蔥和大部分的芫荽。若不想太辣，可將辣椒去籽，稍微切碎後，和半量的綠檸檬汁一起加入，再度打碎成泥狀。
- 嚐嚐味道，看是否需要多一點綠檸檬汁－我發現1½顆的綠檸檬差不多，但視內含果汁而定－再加入適量的鹽。
- 舀入碗裡，撒上剩下的芫荽上菜，當作蘸醬或抹在烤麵包片上吃。

MAKE AHEAD NOTE 事先準備須知	STORE NOTE 保存須知
可在6小時前做好。用保鮮膜或烘焙紙覆蓋冷藏，要用時再取出。	吃不完的可覆蓋冷藏，保存2天。

Feta and avocado salad with red onions, pomegranate and nigella seeds

費達起司和酪梨沙拉與紅洋蔥、石榴籽以及奈潔拉籽

我的妹妹 Horatia 常做的是，把塊狀費達起司放在盤子上，撒上奈潔拉籽（這就叫親情呀）、澆上橄欖油，搭配一些扁平麵包和飲料上菜。你也可如法炮製。我在這裡加以延伸，做出一道簡單的晚餐，味道刺激、外表亮麗。主要材料是費達起司，若能特地從熟食店或土耳其商店買到新鮮的起司塊，風味會更加上乘，否則，一般市售的上等包裝起司也行。我最喜歡的配菜，就是一碗小菠菜葉（baby spinach）沙拉，和鬆軟－而非酥脆－的土耳其扁平麵包（或稱 pide）。

將洋蔥用醋來醃－相信你們都記得，這是我慣用的小伎倆－不僅能去除生洋蔥的嗆味，也將紅洋蔥絲轉變成深紅色，如果醃得夠久，還會轉成深褐色。兩小時是理想時間：若能醃更久更好，也容易保存。如果趕時間，20分鐘也行，但要記得加倍醋的分量，使洋蔥能完全浸泡其中。

如果買不到奈潔拉籽（在印度料理常用到，稱為 kalonji），或想要省略，我保證不會生氣。黑芥末籽（mustard seeds）是很適當的替代品；不然也可直接省略香料部分。有液體黃金之稱的克里特島特級初搾橄欖油，是我屬意的橄欖油種類，風味濃郁真實，用在這裡也很搭，即使不完全符合料理的來源地。

2人份

紅洋蔥 ½ 顆，去皮

紅酒醋 2大匙 ×15ml

費達起司 200–250g

奈潔拉籽或黑芥末籽 ½ 小匙

成熟酪梨 1顆

石榴籽 2大匙 ×15ml

特級初榨橄欖油 1–2大匙 ×15ml（見前言）

○ 將紅洋蔥切成細半月形，放入非金屬小碗中，倒入醋，確保洋蔥絲完全浸入。用保鮮膜覆蓋，靜置入味（見前言）。

○ 當醃製時間結束，醋使洋蔥絲變得如同 Schiaparelli*設計的彩繪玻璃般明亮，便可著手處理沙拉的其他部分。

○ 取出2個盤子，將費達起司用手分成不均勻的塊狀，分別盛盤。再撒上奈潔拉籽或黑芥末籽。

○ 酪梨去皮去核，切成貢杜拉船（gondola）般的薄片狀，擺放在費達起司的周圍。撒上石榴籽，澆上深綠色的特級初榨橄欖油。最後擺上從醋中取出的紅洋蔥絲，上菜。

* Elsa Schiaparelli 出生於義大利的法國女裝設計師，設計誇張大膽。

MAKE AHEAD NOTE 事先準備須知
醃洋蔥絲可在一周前做好，放入非金屬容器中，覆蓋冷藏，需要時再取出。

Halloumi with quick sweet chilli sauce
哈魯米起司和快速甜辣醬

當我把哈魯米起司描述成「鹹味保麗龍」時，大家以為我有意貶低，這是天大的誤會。這種會嘰嘰叫的起司讓人欲罷不能，我的冰箱裡隨時有存貨。通常我把它當作素培根使用，用熱鍋乾煎後，再加上1顆半熟水煮蛋（soft－boiled egg）（雖然燙手，我寧願剝水煮蛋，也不想煮水波蛋 poached egg）。不過有天晚上，我突然有股衝動，想要添加一點甜－辣風味，來抗衡哈魯米起司的鹹味，就此產生了這道食譜。

我用老式銅鍋（copper pixie－pan）來製作快速醬汁－只花4分鐘－如果沒有這種鍋子，就一次做多一點，用密封玻璃罐保存，日後要用時再加熱。

2 人份（就算你一個人全部吃光光也無所謂）

新鮮紅辣椒 3 根

流質蜂蜜 2 大匙 ×15ml

綠檸檬 1 顆，切半

哈魯米起司 1 塊 ×225g

TO SERVE 上菜用：

自選沙拉葉

特級初榨橄欖油適量

- 將 2 根辣椒切片，不去籽；將第 3 根辣椒去籽切末（這樣的辣度頗高，若要溫和一點，可酌量去籽）。加入小鍋子裡－最好是奶油醬汁鍋－加入蜂蜜，從 ½ 顆綠檸檬擠入 1 小匙的果汁。用最小的爐口，加熱到開始沸騰，轉成小火，微滾 4 分鐘。時常攪拌，不要走開，否則可能會溢出。離火。
- 開始準備哈魯米起司之前，先將幾片沙拉葉擺放在 2 個盤子上，澆上適量的油。想要的話，將剩下的一半綠檸檬切成角狀，每個盤子擺上一片。
- 將哈魯米起司切成 8 片，加熱一個鑄鐵鍋或底部厚實的平底鍋。等到鍋子夠熱，放入起司片，乾煎 30 － 60 秒，直到底部呈現虎紋般焦色。翻面，將另一面也乾煎到同樣的程度。
- 將哈魯米起司盛到鋪了沙拉葉的盤子上，舀上鮮紅色的辣椒與蜂蜜醬汁。立即享用，這不難辦到的。

STORE NOTE 保存須知
冷卻後的甜辣醬移到玻璃罐內，密封冷藏可保存 2 周。

Roast radicchio with blue cheese
爐烤紅菊苣和藍紋起司

我總是認為，廚房裡通行的原則，在廚房外一樣適用，但我突然想到有個例外。在人生中，苦味，如同 Carrie Fisher（我記得是她，但也許不對）所說的：「像是共喝毒藥，但希望死的是另一個人」，應極力避免，但在食物上，這卻是最佳風味之一。 我從來不認為，吃苦有任何吸引人的地方，也未曾被其誘惑或征服；但在廚房裡我卻為之著迷。如果你也覺得如此，絕不能錯過 Jennifer McLagan 的得獎著作 Bitter 這本收藏。若還不信服，就先試試這道食譜，當作入門磚，它是我所知道最簡單、最優雅的晚餐之一。雖然我喜歡直接享用，但配上一些清蒸的小馬鈴薯，就能加大份量，那蠟質的香甜風味，恰可吸收苦味葉片和藍紋起司的內斂嗆味；也可搭配一些西洋菜，使苦味倍增。

我最愛的紅菊苣，不是來自基奧賈（Chioggia）的圓形品種；而是那種更苦、質地較為粗糙、如齊柏林飛船般形狀，初冬特雷維索紅菊苣（Treviso Precoce）。但它的產季較短（也較貴），所有散發著教堂般璀璨的飽滿圓形紅菊苣，也不應被忽視。

2人份

圓形紅菊苣（radicchio）1大顆，或（可能的話）初冬特雷維索紅菊苣（Treviso Precoce） 2顆

烹調用（regular）橄欖油 1大匙 ×15ml

現磨黑胡椒足量

巴薩米可醋（balsamic vinegar）1½ 小匙

嗆味戈根佐拉起司（Gorgonzola Piccante）或其他藍紋起司 50g

松子 2大匙 ×15ml

切碎的新鮮細香蔥（chives）1大匙 ×15ml

西洋菜（watercress），上菜用（可省略）

- 將烤箱預熱到 220°C /gas mark 7。
- 若使用圓形紅菊苣，從頂端到底部切成四等分（盡量保持完整不破碎）。若使用長形的初冬特雷維索紅菊苣，則直接切半。
- 放在鋁箔烤盤或鋪了鋁箔紙的小烤盤上。澆上油，磨上胡椒粉，再澆一點醋。最後再捏碎起司撒上，如果起司質地太軟，就分成小塊。送入熱烤箱，加熱10分鐘。

- 當紅菊苣在烘烤時，加熱一個小型、底部厚重的平底鍋，將松子乾烘到上色。移到冷盤子上。
- 將變軟、不再呈鮮紅色略帶褐點的菊苣，與融化的小塊起司，移到2個盤子上，想要的話，可先鋪上西洋菜。撒上烤松子和切碎的細香蔥。

Cauliflower and cashew nut curry
花椰菜和腰果咖哩

你知道我絕不會故意準備少量的料理，因此我要把一整顆花椰菜，轉變成2人份的晚餐，你大概也不會太驚訝。我的理由是，有一次將這道食譜做成4人份，結果看到前面2個人盛菜時，緊張得呼吸急促，深怕剩下的我們這兩個人不夠吃。此外，你不會真的認為四分之一顆的花椰菜能當成1人份的晚餐吧。這可不是配菜喔，而是主食的份量。我知道以營養價值而言，是足夠了，但怪罪我遺傳基因裡的難民心理吧：我就是辦不到。烹調帶給我巨大的安全感，其中一部分便是來自剩菜提供的安慰。

我的建議是，直接上菜，但可以配上烤箱溫熱過的印度拿餅（naan）來蘸著吃。如果想要，儘管煮些白飯或是藜麥（quinoa）（讓我扮演一下老調的中產階級吧）。這畢竟是多國風格的咖哩，無恥地融合了泰國和印度風味（你真的可以把裡面的泰式咖哩醬替換成印度咖哩醬），但是我的動機是光榮的，結果也令人開心。對我這個倫敦客來說，經營一個國際化的廚房也是天經地義。相信也不致冒犯了任何人。

2人份

中型花椰菜 1顆

粗海鹽 2－3小匙，或適量

月桂葉 2片

冷壓椰子油 1大匙 ×15ml

蔥 2根，切蔥花

薑末 2小匙

小荳蔻莢（cardamom pods）的種籽 3顆

小茴香籽（cumin seeds）1小匙

切極碎的芫荽莖 1大匙 ×15ml

泰式紅咖哩醬（Thai red curry paste）¼杯，4大匙 ×15ml（見前言）

椰漿 1罐 ×400ml

腰果 75g

綠檸檬 1顆，切半

切碎的新鮮芫荽 1小把

印度拿餅（naan），上菜用（可省略）

- 將一大鍋的水煮滾來燙花椰菜。將花椰菜分切成小花束。水滾後，加入2小匙的粗海鹽和月桂葉，將花椰菜煮4－5分鐘，直到剛煮熟。

- 在煮花椰菜的同時，在附蓋的中式炒鍋（或能容納所有材料的平底鍋）裡，加熱椰子油，再加入蔥、薑末、小荳蔻籽、小茴香籽和切碎的芫荽莖。以中火拌炒1分鐘。

- 加入咖哩醬，攪拌一下，再加入椰漿，充分攪拌後，加熱到沸騰。

- 當花椰菜燙煮了5分鐘後，檢查是否煮熟變軟。瀝乾，加入中式炒鍋或平底鍋內。加入咖哩醬攪拌，嚐嚐味道，看是否要再加入剩下的鹽；我總是會再加。加蓋，小火煮（simmer）10分鐘：花椰菜應變得軟嫩，完全被醬汁覆蓋滲透。這時便可動手溫熱拿餅（想要的話）。

- 同時，加熱一個小型、底部厚實的平底鍋，乾烘腰果到上色。將其中一半加入花椰菜鍋內，另外一半則倒入冷的小碟或盤子裡。

- 再度嚐嚐醬汁的味道，看是否需要擠上一些綠檸檬汁，同時檢查調味。將花椰菜和醬汁舀到2個盤子上。撒上預留的腰果與切碎的芫荽，並配上1顆綠檸檬角。

STORE NOTE 保存須知

剩菜冷卻後，在製作完成的2小時內覆蓋冷藏，可保存3天。用平底深鍋以小火重新加熱，或用微波爐分次短時間加熱（in short blasts），直到完全熱透。

Prawn and avocado lettuce wraps
鮮蝦酪梨生菜捲

這道菜基本上就是把我曾在美國西岸吃過的，鮮蝦酪梨墨西哥口袋餅做個變化，將墨西哥餅皮代換成生菜葉，同時也把傳統的 pico de gallo（一種墨西哥經典莎莎，由番茄、洋蔥、哈拉皮紐辣椒和芫荽製成）變得更溫和，把生洋蔥換成了適量的切碎生青蔥。即使如此，仍有一定的辣度；我只是不太喜歡生洋蔥而已。如果你喜歡，不妨擱上。

我喜愛生菜捲的柔軟，但沒人說你不能轉換成墨西哥餅皮模式。我用的不是新鮮蝦子，而是冷凍的，雖然有些遺憾，但只要在早上將需要的量從冷凍庫取出，放入冰箱解凍一天，在傍晚最需要的時候（我常如此），就能做出快速晚餐。

我喜歡鑄鐵鍋產生的焦炙味，如果你用的是底部厚實的平底鍋，就加一點油，並且火力稍微小一點。

2 人份

冷壓椰子油或烹調用（regular）橄欖油 1 小匙

去殼生蝦（king prawns）8 隻，解凍（若為冷凍）

磨碎的綠檸檬果皮和果汁 1 顆，最好是無蠟的

熟番茄 2 顆（共約 75 – 100g）

蔥 1 根

新鮮哈拉皮紐辣椒（jalapeño）1 根

切碎的新鮮芫荽 ¼ 杯（4 大匙 ×15ml）

鹽適量

圓形萵苣（lettuce）1 顆

成熟酪梨 1 顆

- 如果使用鑄鐵鍋，先將鍋子加熱，再加油（否則，直接加熱加了油的底部厚實平底鍋）。等到油熱時，加入蝦子，快炒到熟透。方便起見，用細孔研磨器（fine microplane）磨上綠檸檬果皮，擠一點果汁，攪拌一下，移到盤子上備用。

- 番茄去籽切碎，放入小碗中。蔥白部分切蔥花，加入番茄碗內。將哈拉皮紐辣椒去籽切碎（如果像我一樣想要夠辣，就保留種籽），一起加入。加入切碎的芫荽，擠上 1½ 小匙的綠檸檬汁，輕柔拌勻並加入適量的鹽調味。

- 取出 2 個盤子，從萵苣摘下 2 片完整的葉子，重疊起來，做成容器，再重複 3 次，使每個盤子上都有 2 份雙層生菜捲。每隻蝦子縱切對半－將蝦子像書一樣打開，沿著蝦背切下－再平均分配到每個生菜捲上。酪梨去皮、去核、切片，平均分配到這 4 個裝滿蝦子的生菜捲上。最後再舀上一些莎莎，但也在碗裡留下一些，在吃得滿嘴都是的同時，還可以追加。

Salmon, avocado, watercress and pumpkin seed salad

鮭魚、酪梨、西洋菜和南瓜籽沙拉

只要有關注我推特（Twitter）或 Instagram 的人就知道，這是 casa mia（我家，西班牙語）的常備午餐或晚餐。有時候我會先把鮭魚水煮好放冰箱，想吃的時候就能更快派上用場（見下一頁的事先準備須知）。但這項工作也不費時，所以算不上甚麼特別忠告。另外你也可趁熱，直接把熱鮭魚的肉剝下來，便是快速的一道 salade tiède（溫沙拉）。

我喜歡用的是阿拉斯加野生鮭魚，有著照片上的亮麗色澤。它的味道並不強烈－我總覺得鮭魚好像還是活的時後就被凍住了，那裡的海水一定很冰－也沒有養殖鮭魚缺乏彈性的口感，以它的美味來說，比蘇格蘭野生鮭魚便宜許多。

如果你剛好剩下半顆酪梨，正好可以用在這裡，因為如果只是做 2 人份，真的不需要 1 整顆。

最後一點：我很愛英國本地出產的冷壓芥花油，買不到的話，請用上等特級初榨橄欖油，別在這裡使用烹調用（regular）的。

慷慨的 2 人份，或緊急情況下的 4 人份

阿拉斯加野生鮭魚片 2片（共約250g）

蔥 2根，修切過

黑胡椒粒 1小匙

綠檸檬汁 2½ 小匙

粗海鹽 2小匙

西洋菜（watercress）100g

有機非澄清（cloudy apple cider vinegar）蘋果酒醋 1小匙 ×15ml

成熟酪梨 1小顆

冷壓芥花油或特級初榨橄欖油 1大匙 ×15ml

粗海鹽 1小匙，或適量

FOR THE SALAD 沙拉：

南瓜籽 3大匙 ×15ml

- 鮭魚放入小型平底鍋內（我用的直徑為20公分），裝入冷水淹過。加入全部的蔥和胡椒粒，擠入綠檸檬汁，撒入鹽，加熱到沸騰，不蓋蓋子。然後將魚片翻面，離火，靜置7分鐘。取出魚片，待其完全冷卻，可能需要1小時。這時鮭魚已完全熟透，魚肉軟嫩，內部維持珊瑚色。

- 等鮭魚冷卻時，來準備沙拉。將南瓜籽用底部厚實的平底鍋在爐火上乾烘，它們會稍微從鍋底跳起，顏色變深，帶點煙燻味。乾烘時間很短，所以別走開，同時持續將鍋子旋轉搖動一下，使受熱均勻。將烘烤好的南瓜籽移到冷盤子上。

- 準備組合時，將西洋菜放入大型淺碗中（或分裝成2碗），澆上醋拌勻。現在加入鮭魚，去皮、切成入口大小或剝成碎魚片（依個人喜好而定）。

- 酪梨切半去核，將果肉舀在鮭魚和西洋菜上，或直接切片。澆上油，撒上鹽和一半的烘烤南瓜籽，輕柔拌勻。撒上剩下的南瓜籽，開始享用。

MAKE AHEAD NOTE 事先準備須知
鮭魚可在3天前煮好。冷卻1小時後覆蓋冷藏。

Miso salmon
味噌鮭魚

在 How To Eat 一書中，我也有一道味噌鮭魚，但和這個很不一樣，是美國當時很受歡迎的 Nobu black cod with miso 的變化，直到今日，仍切合現在所流行的菜單。這裡的版本比較簡單快速，清淡有活力。配方是輕鬆而美味的 2 人份 ，若有友人來訪，可以很簡單的增加份量。如果食客眾多，建議你可以製作青花菜兩吃（**第 230 頁**）來搭配。如果單獨享用，我喜歡清蒸一些青江菜，簡單地用幾滴麻油調味。搭配一些細長的嫩枝青花菜（tenderstem broccoli）也不錯。

2 人份

甜味白味噌 1 大匙 ×15ml

綠檸檬汁 1 大匙 ×15ml

醬油 1 大匙 ×15ml

魚露 1 大匙 ×15ml

大蒜 1 瓣，去皮磨碎或切末

鮭魚片（salmon fillets or steaks）2 片（共約 225 – 250g）

新鮮紅辣椒 1 根，去籽切薄絲

- 將烤箱預熱到 220℃／gas mark 7。
- 將冷凍袋放在玻璃量杯上打開，邊緣壓下以便於盛裝，舀入白味噌。加入綠檸檬汁、醬油、魚露和蒜末，封好後用雙手按壓形成質地滑順的醃料。
- 打開袋子，放入魚片，再度密封，用雙手按壓使魚片浸泡在醃汁中。將袋子平躺，以室溫醃 15 分鐘入味。
- 在淺烤盤鋪上鋁箔紙，取出魚片，甩除多餘醃汁，多脂部位朝下，放在鋁箔紙上。
- 送入烤箱，烘烤 7 – 10 分鐘（視魚片厚度而定），魚肉應完全熟透，但內部仍呈珊瑚色而多汁。
- 將魚片移到 2 個溫熱過的餐盤上，平均撒上辣椒絲。

Indian-spiced cod
印度香料鱈魚

根據我的優良魚販 Rex 的說法，康瓦耳（Cornwall）附近多得是永續繁衍品種的鱈魚（sustainable cod），所以我買起來更為安心。它的價格和波拉克鱈魚（pollock）或無鬚鱈（hake）相比，是比較貴了些，但它的肉質緊實，如絲般滑順，細緻而鮮美，就算小小奢侈一下吧。這裡的食譜亦可適用於其他肉質緊實的白魚片，甚至鮭魚也行（純就烹飪的角度來說）。如果用鱈魚，請魚販從魚胸鰭部（the loin）而非尾部切下魚片。可能的話，我希望你能盡量去魚販那裡買，我覺得鮮魚的品質會更有保障，而且，如果我們不再光顧魚販，他們就會逐漸消失了，這不是我所樂見的。以為超市一定比較便宜，也不全然正確。

我把這道食譜當做是印度版本的鱈魚與豌豆；我的配菜是快速椰漿豆泥（Quick Coconutty Dal，見**第234頁**），但你也可搭配簡單的沙拉。**第268頁**的粉紅醃蛋（Pink-Pickled Eggs）也會很對味。

同樣的，如果你想用希臘優格來取代椰漿優格（我偏愛後者，總是找機會來用），儘管自便（而且比較便宜），如果這樣做的話，請記得只需要 1 小匙的綠檸檬汁來搭配 1 整顆綠檸檬的磨碎果皮。

2人份

椰漿優格3大匙×15ml，如CoYo牌

磨碎的綠檸檬皮和果汁1顆，最好是無蠟的

印度綜合香料（garam masala）1小匙

辣椒粉（hot chilli powder）½小匙

薑黃（ground turmeric）½小匙

細海鹽1小匙

黃芥末籽4小匙

磨碎的肉豆蔻皮（ground mace）¼小匙

去皮鱈魚片2片（共約400g）

TO SERVE 上菜用：

綠檸檬角與壓碎的粉紅胡椒粒（或乾燥辣椒片）

- 將烤箱預熱到200°C /gas mark 6。若要用**第234頁**的豆泥來當作配菜，就先動手準備，再處理魚片。將優格放入一個淺皿中（如小型的橢圓Pyrex玻璃皿），用Microplane超細刨刀磨入綠檸檬果皮，擠入全部的果汁。
- 加入印度綜合香料、辣椒粉、薑黃、鹽、芥末籽和磨碎的肉豆蔻皮，攪拌混合。
- 將魚片浸入香料優格，小心翻面，確保兩面都充分沾裹上，越厚越好。
- 將魚片放在小而淺的烤盤上，烘烤15分鐘。檢查是否烤熟，魚片的厚度會影響烘烤時間，所以可能需要再烤久一點；查看魚片是否轉成不透明。
- 移到2個餐盤上。想要的話，在餐桌放上綠檸檬角和壓碎的粉紅胡椒粒（或乾燥辣椒片），供人自行添加。搭配沙拉或快速椰漿豆泥上菜。

Jackson Pollock

傑克森波拉克

對不起，但我就是忍不住。雖然使用別種魚，這道菜名的小幽默就不成立了，但食譜本身仍是適用的，所以請盡管自行替換。近年來，有越來越大的呼聲，鼓勵我們英國人多多享用本地的波拉克鱈魚（pollock），但不知怎麼，它的名稱似乎就使人猶豫。說來好笑，有一陣子，有家超市把波拉克重新改名為“柯林 colin”銷售，我不認為有所幫助，而且還更加使人迷惑，因為 colin 除了當作男子名以外，還是另一種無鬚鱈魚（hake）的法文名稱（這是羅亞爾河以北的稱呼；以南地區稱為 merlu ）。我在這裡（以及本書其他地方）提到的油漬炙烤甜椒，是 Saclà 牌的罐裝版本。

* Jackson Pollock 是美國畫家，抽象表現主義（Abstract Expressionism）或稱紐約畫派大師，以獨特創立的滴畫聞名。

2 人份

去皮波拉克鱈魚片 2片（共約250 – 300g）	葵花油 3大匙 ×15ml
菠菜 250g	特級初搾橄欖油 1大匙 ×15ml
巴西里葉 ¾ 杯（約15g）	冷水 2小匙（需要的話）
粗海鹽 1½ 小匙	油漬炙烤甜椒 1罐 ×290g
無蠟黃檸檬的磨碎果皮和果汁 ½ 顆	大蒜 1瓣，去皮磨碎或切末

- 將烤箱預熱到200℃ /gas mark 6。將魚片從冰箱取出。將菠菜倒入濾盆中，以流動的清水清洗，將濾盆搖晃一下，將菠菜向下壓，以排除多餘的水分。

- 先開始製作綠醬汁。可以使用碗和手持攪拌器或食物料理機的小碗。將1½ 杯（約45g）的菠菜、巴西里、½ 小匙的粗海鹽 、磨碎的黃檸檬果皮和果汁、和葵花油一起打碎成乳化的醬汁。加入特級初搾橄欖油，再度攪打，嚐嚐味道，加入冷水稀釋調整濃度（需要的話）：不能太濃，才能進行我們計畫的藝術效果。

- 將炙烤甜椒和罐裡的油，倒入小烤盤－我用的是23 ×30cm、高4cm。加入蒜泥、撒上 ½ 小匙的粗海鹽，攪拌混合。放上波拉克鱈魚片，烘烤5 – 7分鐘，直到魚肉烤熟。

- 在烘烤魚片的同時，加熱一個中式炒鍋或大型平底深鍋（附蓋），加入剩下的菠菜和剩下的鹽，加蓋，使菠菜變軟，約需不到2分鐘。

- 檢查魚是否烤熟，從烤箱取出。取出一個大盤子，用舀上炒軟的菠菜（以避免太多的水分），再用漏杓加上魚片（先切半），再沿著周圍加上甜椒，一部分放在魚片和菠菜上，在魚片上澆一點橙色甜椒油。

- 隨意澆上綠醬汁；儘管自行參照這裡的照片－或藝術書籍－來盛盤。

Mackerel with ginger, soy and lime
鯖魚和薑、醬油與綠檸檬

鯖魚能夠使我心為之雀躍。對我來說，其中一部分的喜悅，來自那藍－銀－金參雜閃耀的外皮，上面彷彿來自另一個世界的奇幻條紋，令人目眩神迷。但這並不表示，我只是為了它的外表而烹煮鯖魚料理。

這裡的醃汁風味刺激辛辣，正好搭配鯖魚的豐潤肉質，如果因為醃漬的過程，而喪失了酥脆外皮的美味，也是我心甘情願的犧牲。事實上，如果你用戶外炙烤爐（a barbecue）以高溫炙烤極短的時間（在漫長的加熱之後），還是能烤出日本料理般的酥脆。但熱烤箱可做出柔軟無比的魚肉，中途也不需頻頻看顧，所以我還是非常推薦以下的料理法。

我喜歡搭配一點日式醃薑，可以是市售版本，或者最好是自己做，**第266頁**有非常簡單的食譜。快炒球芽甘藍（Brussels sprouts）絲也很棒。只要將中式炒鍋加熱，加入2小匙葵花油，油熱後，磨入大蒜（或切成蒜末），加入1小匙的芝麻，翻炒一下，再迅速加入約150g的球芽甘藍絲（用鋒利的刀子事先切好），快炒2－3分鐘。最後再加入1小匙的粗海鹽和1小杯水，擠上一點綠檸檬汁，再快炒30秒至1分鐘，試試味道，就完成了。當然，若想搭配一道簡單而風味刺激的清爽沙拉也並無不可。

2人份

磨碎綠檸檬果皮1顆和2小匙果汁，最好是無蠟的	**楓糖漿1小匙**
醬油2大匙×15ml	**麻油少許**
薑泥1大匙×15ml	**鯖魚魚片（mackerel fillets）4片**

- 將烤箱預熱到220℃／gas mark 7。

- 將綠檸檬果皮磨入小碗內（果汁稍後會用到），用保鮮膜覆蓋備用。

- 取出一個冷凍袋，放入所有醃汁材料－2小匙綠檸檬汁、醬油、薑泥、楓糖漿和1小滴麻油。封緊用雙手按壓使其混合均勻。加入魚片，再度封緊，用雙手按壓一下，使魚片均勻浸到醃汁。平躺靜置入味10分鐘。現在可以將球芽甘藍切絲了（如果要當作配菜的話，見前言）。

- 將一個小而淺的烤盤（剛好足夠容納所有魚片）鋪上鋁箔紙，倒入魚片及全部的醃汁，魚皮部分朝上，送入熱烤箱烤10分鐘。上菜前，檢查魚肉是否熟透。如果只需要再一點點的時間，可將烤盤取出烤箱，放在耐熱表面上幾分鐘，讓烤盤的餘熱發揮效果應該就剛好了。

- 取出2個餐盤，各放上2片魚片，撒上大部分預留的綠檸檬果皮。加上自選的蔬菜搭配，再撒上剩下的綠檸檬果皮，開動吧，喜歡的話，搭配著醃薑享用，我可是非常喜歡的。

Spiced and fried haddock with broccoli purée

香料油煎黑線鱈和青花菜泥

這道食譜不可能更簡單了，一點也不複雜。上等鮮魚沾裹上香料麵粉，再快速油煎，是傳統常見的菜色，也一直受人喜愛。我在這裡用無麥麩麵粉取代一般麵粉，來沾裹魚片。因為我本來要用略呈砂礫狀的米粉（rice flour），但家裡用完了，而無麥麩麵粉（家裡還有存貨）含有米粉，非常適合用在這裡。當然，你也可用一般麵粉替代。這裡的鮮綠色配菜看起來像傳統的豌豆泥（mushy peas），但事實上是用手持式攪拌器打碎的青花菜。我使用冷凍的版本，因為我發現這樣烹煮出來的味道，竟然特別新鮮，只需一點鹽和胡椒調味，再加上一點點口味溫和滑順的椰漿。若連一點點的椰漿味都無法接受，可以用奶油或上等特級初榨橄欖油代替。

2人份

青花菜泥：

冷凍青花菜的花束 500g

冷壓椰子油或奶油，或特級初榨橄欖油
1－2大匙 ×15ml

鹽和胡椒適量

香料黑線鱈：

無麥麩麵粉或一般麵粉 3大匙 ×15ml

薑粉 1小匙

匈牙利紅椒粉（paprika）1小匙

細海鹽 1小匙

帶皮黑線鱈魚片（haddock fillets）2片
（共約350g）

葵花油 1大匙 ×15ml

TO SERVE 上菜用：

黃檸檬，切成角狀 ½ 顆

- 將一大鍋水煮滾，準備燙青花菜，水滾後加入鹽，丟入冷凍青花菜（不解凍），從水再度沸騰時算起，煮10分鐘，直到夠軟能打碎成泥。瀝乾放回鍋裡，加入1大匙冷壓椰子油，用手持式攪拌機打碎，加入適量的鹽、胡椒和再1大匙的冷壓椰子油。加蓋備用，同時開始動手煎魚。

- 取出一個盤子（能容納魚片攤平），在裡面混合麵粉、薑粉、紅椒粉和鹽，放入魚片，確保兩面都均勻沾裹上。取一個鑄鐵鍋或底部厚實的不沾鍋（剛好可容納全部魚片），放在火爐上。若使用鑄鐵鍋，要先加熱再加葵花油；若使用不沾鍋，則要先加油。

- 油熱後，加入2片魚片，帶皮部分朝下，煎3分鐘。翻面，再煎1½ 分鐘，直到魚肉剛煮熟。我的烹調時間是根據這些方形的厚魚片來決定的（如照片所示），如果你的魚片較薄，帶皮部位朝下煎2分鐘，再翻面煎1分鐘，就應該差不多了。

- 魚片熟後，移到鋪了廚房紙巾的盤子上，同時將青花菜泥舀到2個餐盤上。放上黑線鱈魚片，酥脆魚皮部位朝上，以寧靜而得意的心情開動，也許再擠上一點黃檸檬汁。

Steamed sea bass with ginger and soy
清蒸鱸魚佐薑與醬油

雖然野生鱸魚無可否認的是奢侈品，但這道食譜的做法可說是非常地簡約樸素。我買了一片野生鱸魚片，切成兩半，便可當作2人份。不過我得承認，動機倒不是純粹為了省錢，而是要讓魚片擠得進蒸鍋裡。所謂的蒸鍋，其實是我用（附蓋的）中式炒鍋裝入清水，再架上一個圓形冷卻網架，然後加熱至水滾。準備好的魚放在耐熱盤上，盤子放在網架上，加蓋，就這麼完成了清蒸的簡單設備（我猜你也可以用烤箱來做，將魚片和調味包裹在一張稍微抹了油的鋁箔裡，用200℃ /gas mark 6的烤箱烘烤5分鐘，直到魚肉剛烤熟）。熟度恰好的魚肉十分細緻，醬汁清淡而美味，調味雖然溫和，但簡潔有力。

至於配菜，我喜歡簡單的黃瓜沙拉，不加調味汁。將半根黃瓜（約100g）切半、去籽切絲，再拌上一樣切成紅頂火柴棒狀的4 － 6顆（視尺寸而定）櫻桃蘿蔔。搭配一些煮軟的菠菜，也很適合。

2人份

生薑 1塊2公分（10g），去皮

去皮鱸魚片 1片（約200g）

醬油 1大匙 ×15ml

麻油 1小匙

芫荽，上菜用

- 將蒸鍋的水加熱到沸騰。製作黃瓜和櫻桃蘿蔔沙拉，如果想按照我的建議，請參見前言。將薑橫切成薄片再切絲。鱸魚橫切對半成兩塊短魚片。

- 取出一個有邊的耐熱盤子（可放入蒸鍋內，見前言），要足夠容納這2塊魚片。在盤內撒上一半的薑絲，放上魚片，再撒上剩下的薑絲。將醬油和麻油混合，澆在魚片上。將盤子放在網架上，加蓋，蒸5分鐘，直到魚片剛好煮熟。

- 將沙拉分盛到2個盤子上，小心地各放上一條魚片，舀上盤裡剩下少量但芳香的醬汁，別忘了薑絲。撒上一些芫荽葉，立即享用，享受每一口的極致美味。

Devilled roes on toast

吐司加香辣魚白

我愛柔軟的魚白加吐司，以前我媽周六晚上常做－在豐盛的烤雞午餐之後－那柔軟魚白的鮮味和吐司奶油味之間的對比，再擠上那不可或缺的刺激黃檸檬，是一種懷舊的童年滋味，現在很少嚐到了，彷彿已被歸入歷史檔案，或紳士俱樂部的專屬區域（或是只為特定人士服務的高檔餐廳）。

如果你還很年輕，沒有經過魚白料理的洗禮，讓我告訴你，柔軟魚白（soft roes）就是鯡魚（herring）的精巢。我覺得犯不著對這個議題畏畏縮縮的，但我知道有些人的看法不同。你的損失。世界上有許多魚種的數量逐年銳減，但大海裡仍然充斥著大量的鯡魚魚白。在一年將盡的時刻，一隻雄鯡魚的三分之一體重是魚白；這是因為它們交配的方式，就是雄魚會將精液噴射入海水裡（雌魚的魚卵質地並不柔軟，而是結實的顆粒狀）。不過，這個話題已經談夠了。

鯡魚魚白既便宜、份量又多，就算非產季，也能買到冷凍的，雖然通常是 1 公斤的包裝，但只要是好魚販，都會為你切下需要的量，而你也不需要很多。這基本上是餐後的鹹味點心，我最喜歡單獨享用。如果你懂我在說的是怎樣的珍饈，根本不需要特別的鼓吹；如果你不知道，我懇請你嘗試看看：這是極為美妙的雙人小點心。

2 人份，保守的估計

玉米粉（cornflour）1 大匙 ×15ml

卡宴紅椒粉（cayenne pepper）½ 小匙

磨碎的肉豆蔻皮（ground mace）½ 小匙

柔軟鯡魚魚白（soft herring roes）200g

無鹽奶油 1 大匙 ×15ml（15g），外加吐司需要的份量

烹調用橄欖油少許

上等麵包 2厚片（我喜歡酸種白麵包）

黃檸檬汁 ½ 顆

醃燻或一般粗海鹽，撒上用

切碎的新鮮細香蔥或其他香草 1 小匙，撒上用

- 在冷凍袋裡混合玉米粉、卡宴紅椒粉和磨碎的肉豆蔻皮。撕下兩張廚房紙巾，攤平，放上魚白，再蓋上另一張紙巾，輕壓以吸取多餘水分。將魚白加入冷凍袋中，封緊後輕輕搖晃，使魚白均勻沾覆上。

- 在小型鑄鐵鍋（我用的直徑為20公分），或底部厚實的不沾鍋內，融化 1 大匙的奶油和少許的橄欖油，油熱時，加入魚白，煎2 － 3分鐘，輕柔翻面數次，使魚白完全熟透且部分上色，但未破碎。

- 同時，將麵包片放入烤麵包機中，烤好後，塗上厚厚的（我喜歡這樣）奶油。

- 當魚白煎熟時，擠上黃檸檬汁，用木鏟（或其他你習慣的工具）將魚白在鍋子裡稍微推一下，然後倒在塗好奶油的麵包片上。撒上煙燻粗海鹽（如果你剛好有的話），或一般的粗海鹽，再撒上切碎的細香蔥。當我還小時，我們用刀叉來吃，但我現在喜歡將鋪滿魚白的麵包切半，直接用雙手開動。

Crunchy chicken cutlets
酥脆雞排

雞排（chicken cutlets）是美國人的稱呼，其實就是我們英國人所說的 escalopes，但我無法抵擋壓頭韻的誘惑，所以非得這麼取名不可。我本來也可以取名為 Cornflake-Crunchy Chicken Cutlets，因為這酥脆的外皮是用玉米脆片（cornflakes）做的，而非麵包粉，便於做為無麥麩（gluten-free）料理，但請再度確認玉米脆片的包裝說明。理論上，玉米脆片應不含麥麩，但因為工廠生產線有交叉使用的可能性，所以不見得能保證完全不含麥麩。如果不介意，就可使用任何一種的玉米脆片。

你可以買到已經拍扁的薄肉片，不然的話，選購2塊雞胸肉，一次一塊，放在鋪了保鮮膜的砧板上，再蓋上另一張保鮮膜，用擀麵棍盡情拍打。在辛勞的一天過後，這是很棒的紓壓方式 。

拍扁之後，你會得到極大尺寸的肉片（你可以只用一塊雞胸肉，橫切對半，再敲扁），但我喜歡一大盤的肉片，我建議的配菜就只是1把芝麻菜（rocket），拌上一些切半的櫻桃番茄，再簡單調味。也就是說，我只需在鋪好沙拉的盤子撒上一點粗海鹽，擠上一點黃檸檬汁，再澆上一點上等橄欖油。

2人份

雞肉薄肉片（escalopes）或雞胸肉 2片（共約200 － 300g），最好是有機放牧的

第戎芥末醬（Dijon mustard）¼ 杯（70g）

大蒜 1瓣，去皮磨碎或切末

肉桂粉 ½ 小匙

雞蛋 1顆

玉米脆片 3杯（75g）

匈牙利紅椒粉（pimenton picante 或 paprika）1½ 小匙

葵花油 2大匙 ×15ml

櫻桃番茄和芝麻菜（或其他你喜歡的沙拉葉），上菜用

黃檸檬 1顆，切成角狀

- 將雞肉從冰箱取出回復室溫。若使用雞胸肉而非已敲打過的薄肉片，請參照前言。
- 取出一個淺盤子（最好能同時容納兩片薄肉片），舀入芥末和大蒜。加入肉桂粉和雞蛋，攪拌混合。放入薄肉片，翻面，靜置在盤裡備用，同時來準備 『麵包粉』。
- 將玉米脆片放入碗裡，用手壓碎。很遺憾地，這並不需要太粗暴的動作。只要用手指弄碎就行了，不需到粉末狀的地步。加入紅椒粉，用叉子混合。
- 一次一片，將沾裹上蛋汁和芥末的肉片，均勻沾裹上混合脆片，接著移到網架上靜置5 － 10分鐘。
- 用鑄鐵鍋或底部厚重的平底鍋（能夠容納全部的肉片）來加熱油，等油夠熱時，加入肉片煎3分鐘，小心翻面，再煎3分鐘，直到中央部位也完全熟（請再度確認）。移到已鋪好番茄和沙拉葉的餐盤上。

MAKE AHEAD NOTE 事先準備須知

將肉片沾裹上混合脆片後，放在舖了烘焙紙的烤盤上，冷凍到定型，移入冷凍袋中，密封冷凍可保存3個月。可直接以冷凍狀態進行烹調，但時間要延長1 － 2分鐘，確認完全熟透再上菜。

Spiced chicken escalopes with watercress, fennel and radish salad

香料雞排和西洋菜、茴香和櫻桃蘿蔔沙拉

說到雞肉，我絕對是重大腿而不重胸的女人。所以，如果我很開心地用白肉而非深色肉塊來製作這道料理，你絕對可以信任我。

你可能需要放大膽子，來嘗試這裡醋味十足的辛香醃料，但是勇敢地嘗試一下吧。它的刺激元素能夠軟化肉質，使容易變柴的雞胸肉輕盈多汁，而溫暖的香料則增添了豐盈飽足的滋味。這就是為什麼我敢用1塊雞胸肉做成2片薄肉片，十分經濟實惠。而且料理非常快速。

旁邊的沙拉是完美的配菜：西洋菜和櫻桃蘿蔔有一絲辛辣，球莖茴香芳香無比。這道沙拉也適合在其他的場合端上來。理想上，球莖茴香和櫻桃蘿蔔應該用刨片器（mandoline）削得薄到透光，但我的手拙，根本不敢用，更何況，我做的是家常菜，不是餐廳料理，這樣更好。

2人份

雞胸肉1塊，最好是有機放牧的

米醋1大匙×15ml

葵花油 2小匙

薑黃（ground turmeric）½小匙

薑粉1小匙

卡宴紅椒粉¼小匙

球莖茴香（bulb fennel）1小顆

櫻桃蘿蔔4－6顆

西洋菜（watercress）2把（約50g）

粗海鹽½小匙

冷壓芥花油，或特級初搾橄欖油1－1½大匙×15ml

冷壓椰子油，或烹調用橄欖油或葵花油 2小匙

綠檸檬1顆，上菜用

- 將保鮮膜放在砧板上方，拉開一張鋪上去，但先不要割斷。在另一個砧板上，將雞胸肉橫剖對半，取1塊移到鋪了保鮮膜的砧板上。將保鮮膜繼續拉開，覆蓋在雞肉上再割斷。用擀麵棍將雞肉盡情地敲打拍扁成薄肉片。移到一旁，用同樣的方式敲打另一塊雞胸肉。

- 在冷凍袋裡加入醋、葵花油、薑黃、薑和卡宴紅椒粉，加入這兩片薄肉片，封緊，平躺在盤子上醃10分鐘。

- 同時，將球莖茴香切半、去芯，再切成薄片。櫻桃蘿蔔切得越薄愈好，但不要壓力太大或切到手。將西洋菜放入大碗裡，加入球莖茴香片和櫻桃蘿蔔片，加入鹽和芥花油（或橄欖油），輕柔拌勻－我用雙手來拌。我不再加醋，如果想要，在上桌時會搭上綠檸檬供你追加。將這調味清淡的沙拉擺放在上菜的大盤子上，或分盛在2個個人餐盤上。

- 用鑄鐵鍋或底部厚實的平底鍋（能夠容納全部的肉片）來加熱2小匙的椰子油（或其他種類的油），等油夠熱時，加入肉片，每面煎2分鐘，切開最厚的部位，查看是否完全熟透，再移到上菜的大盤子上。將綠檸檬切半，取其中一半，均勻擠在肉片上。剩下的一半切成2片綠檸檬角，每個餐盤裡各放1片。

Strapatsada
番茄滑蛋

這是一道希臘食譜，是 Alex Andreou（他也貢獻了**第141頁**的烏賊和米麵 Squid and Orzo 以及**第318頁**的老抹布派 Old Rag Pie）傳授給我的。但事實上，這道料理應該來自義大利。因為 strapazzare 這個字是義大利文，在雞蛋烹飪的範圍裡，就是“炒蛋”的意思。這道料理正是：番茄炒蛋。我老早拋棄了“no red with egg”（蛋不見紅）的規定－『Nigellissima 廚房女神奈潔拉的義式美味快速上桌！』書中的煉獄之蛋使我拋棄成見－吃過這道菜以後，更使我後悔當初竟然會有這樣的偏見。

沒錯，我當初是很猶豫，因為番茄和雞蛋混在一起，聽起來就不吸引人。但重點是，它的味道嚐起來與想像不同。這就是烹飪的精神：當食材混合在一起烹調，自有一番獨特風味，和文字上給人的印象不見得一致。這是一種簡單的煉金術。

當你回到家，冰箱沒有什麼東西，或是太累了無法下廚，這就是理想的食譜。當你因工作晚歸，感到疲憊不堪時，這道配方最適合你。但請別等到精疲力竭或酒精過量時才做。

如果你夠幸運，擁有極棒的番茄（像在希臘產的那一種），我會增加2顆，然後捨棄番茄泥。我也提供了羅勒或百里香的香草選擇，因為這兩種做成番茄滑蛋都很不錯，我個人的習慣是在夏天採用前者，冬天使用後者。專業的建議是，搭配薩莫拉諾（Xynotyro）起司享用，但是在無法就近取得的情形下，只好用最接近的文斯勒德（Wensleydale）起司代替。重點是，起司要帶有酸味而鹹，質地易碎，容易融化。

2人份

小型番茄（非櫻桃番茄）8顆（共約300 － 350g）

烹調用橄欖油　3大匙 ×15ml

濃縮番茄泥（tomato purée）1大匙 ×15ml

鹽 1小撮

糖 1小撮

雞蛋 2大顆

薩莫拉諾（Xynotyro）起司或有酸味而鹹的易碎起司，如文斯勒德（Wensleydale）25g

羅勒葉 1小把，或幾根百里香摘下的葉片

上等麵包（如酸種麵包或自行選擇）4片

- 將番茄切半－希臘人現在會將番茄去核；這個部分英國人太懶了－再切成小塊。
- 用底部厚實的平底鍋來加熱油（我用的是鑄鐵鍋，直徑為25公分，先將鍋子加熱再放油），加入番茄塊。煎5分鐘，不時翻炒一下，直到番茄開始破裂、湯汁流出。如果想要麵包先烤過，現在可以動手了。
- 加入番茄泥、鹽和糖，續煮5分鐘，直到番茄皮脫落。打入雞蛋，同時像做炒蛋一樣攪拌到質地滑順，這花不了多少時間（想要凝固的炒蛋，當然就炒久一點）。
- 離火，加入捏碎的起司，撒上羅勒葉或百里香。舀在吐司上吃，或直接用麵包當餐具，從鍋裡舀著吃　。我的吃法是：先舀一份在麵包上吃，再用麵包挖著吃，僅供參考。這裡的分量足夠搭配4片麵包，如果你一個人用餐，一次吃不完（真的嗎？），請明白冷食也很可口。

STORE NOTE 保存須知
剩菜可冷藏保存2天。

一碗滿足
BOWLFOOD

LETTERS OF LESLIE STEPHEN
FREDERIC W. MAITLAND
FREUD
A Life for Our Time
THE FORSYTE SAGA
HERZOG
Upton Sinclair
MAX PERKINS
A Scott Berg
DEAR SAPPHO
A Legacy of Lesbian Love Letters

BOWLFOOD
一碗滿足

可能的話，所有的東西我都想要從碗裡吃。對我來說“bowlfood”就是提供舒心、提升士氣、做起來不麻煩、又能把我餵飽的食物的代名詞。我說的並非傳統意義上的 comfort food（撫慰食物），因為這個名詞隱含著懷舊、童年和來者不拒的澱粉食物等意味。我說的也不是 comfort eating（為了舒緩情緒而吃），這個名詞根本完全取錯了，我認為應該改稱為 discomfort eating 才對。它是一種突如其來、間歇性、難以滿足的飢餓感，不是因為肚子餓，而是做為自我壓抑的工具，對我來說，這一點都不能帶來安慰與滿足（comfort）。如果以一種單純的眼光來看，“bowlfood 一碗滿足”才可說是一種 comfort eating 舒心的享用，或者說是一種童稚的享用方式。就像嬰兒嘗試吃副食品時，是先從一湯匙又一湯匙、口味與口感每一湯匙相同的食物開始，我也是從碗中的食物得到舒心與舒緩，不論用叉子或湯匙，下一口都和上一口的味道一樣，多令人安心呀。連咀嚼都覺得費事的時候，我就喜歡來碗令人感恩的湯。然而，不論舀進嘴巴裡的是湯麵、牧羊人派還是肉丸，它們的滋味絕對不會平淡無奇－如同 comfort food 所暗示的－我也不是為了逃避生活中的失望與悲苦而吃。這是為了慶祝進食這種簡單的儀式所從事的行為，使我們對食物和生命，都能在平靜中感到愉悅。啊～來一口吧！

Ramen
拉麵

這是我最愛的單人晚餐之一。雖然我也為家人做過，但大量切菜、準備、盛碗等工序就不免在煮食過程中增添一絲焦慮。基於同樣的理由，雖然我的攝影師 Keiko 已溫和地警告我，日本人是不在家裡吃拉麵的，但拉麵館的吵雜混亂，並非我想吃拉麵的心情能夠承受，所以我還是為了自己的舒適，而犧牲了食物的道地風格。我又告訴 Keiko，我喜歡用蕎麥麵來煮拉麵時，我發覺這好像過度違反日本的飲食傳統，而冒犯了她。為了彌補，我讓她從我的 Carb Cupboard（澱粉食物櫃）挑選適合的麵條。但是，我真的很喜歡蕎麥拉麵，以後恐怕仍會持續這個不良的習慣。

我家附近的超市買得到新鮮的包裝出汁（dashi，一種由昆布和柴魚烹煮的日式高湯），不然的話，即食的日式高湯粉或高湯塊，也很容易買到，如果真的沒有，就用 Marigold Swiss vegetable bouillon powder（蔬菜高湯粉）。乾香菇所帶來的風味真是太棒了，和任何一種口味清淡的高湯都很搭配。順帶一提，有時間的話，我通常使用 4 朵乾香菇，先煮滾 15 分鐘後再泡 2 小時 – 有時候，我會在吃早餐時便開始浸泡，一整天下來，到了要吃拉麵的晚餐時間，香菇的味道更濃郁。但我通常沒那麼有計畫，這時我用的就是乾香菇片（如以下所示，我也建議你如法炮製）。當我啓動拉麵模式，可不想有人（或其他的雜事）妨礙我。

1 人份

乾香菇片 5g（見前言）	櫻桃蘿蔔 2顆
生薑 1塊3公分（15g），去皮切絲	甜味白味噌 2小匙
冷昆布柴魚高湯（dashi）或蔬菜高湯 500ml	醬油 ½ 小匙，或適量
即食拉麵 1包 ×70g 或蕎麥麵 50g	麻油少許
雞蛋 1顆	蔥 1根（蔥綠部分），切蔥花
小青江菜 100g（約3小把）	乾燥辣椒片 ¼ 小匙

○ 將乾香菇放入一個（附蓋的）平底深鍋內，加入薑絲，倒入昆布高湯，加熱到沸騰，加蓋，轉成小火煮 15 分鐘。

○ 同時，煮滾一鍋水準備下麵。煮麵的速度很快，所以在煮高湯的 15 分鐘快到的時候，再根據包裝說明煮麵。瀝乾，用冷水沖洗，靜置於濾盆或濾網內。將平底深鍋再度注入水，加熱到沸騰，放入雞蛋，小火煮 6 分鐘，使蛋黃的邊緣凝固，但中央仍有流動感。

○ 趁高湯在小火煮的同時，將青江菜頭尾修切過，摘下葉片，將葉子和葉梗部位分開。將櫻桃蘿蔔縱切成 4 等份。當高湯煮好後，再度加熱到大滾，丟入青江菜，熄火。加入味噌、醬油和麻油，加蓋。

○ 雞蛋煮好後，倒出滾水，在鍋裡注入冷水，使雞蛋降溫到不燙手，剝殼。

○ 將瀝乾的麵條放入碗裡，倒入高湯和蔬菜。將雞蛋縱切對半，全部加入碗內（雖然這裡的圖片只有其中一半）。撒上蔥花和辣椒片，用充滿禪意的寧靜喜悅心情享用。

Thai noodles with cinnamon and prawns
泰式肉桂鮮蝦炒冬粉

我活在世上的日子不算短，以花在飲食上的精力而言，這段時間也不算虛度，因此要吃到讓我感到完全新奇的食物並不容易，而這道料理就是。這是當我去年在泰國度假時，一位極富天份的廚師（連名字都很完美，叫做 Tum）為我料理的。只嚐了一次，便請他為我再做一次，然後再一次，最後終於問他是否可以攝影製作過程，讓我回到家後還可以做給自己吃。我其實不是很有信心，一方面對自己的攝影技術缺乏自信，也不確定家裡的材料是否道地。但是，即使用的是冷凍蝦子和一般西洋芹（亞洲芹菜都是葉子，根本沒有莖，味道也比較強烈），再加上不擅中式炒鍋的我，送入嘴巴的第一口，就勾起了這道泰國美食的迷人滋味。

請挑選多葉的芹菜，雖然我們不用莖部，但和葉片相連較纖細的細莖，可切碎再和其他的調味料一起下鍋（食譜的第一個步驟）。

除了這些因地制宜的改變之外，我完全遵照 Tum 的食譜，包括已經磨好的胡椒粉，和濃縮雞湯（他用的其實是雞湯粉）。我忍不住要和你分享這道新奇而無比美味的食譜，希望你會像我一樣驚豔。

2人份

葵花油1大匙×15ml

大蒜2瓣，去皮稍微切碎

生薑1塊3公分（15g），去皮切絲

八角1顆

肉桂棒長的½根，短的1根，用刀面拍碎成細條

西洋芹的頂端帶葉細莖（見前言）2－3根，
細莖部切短段，葉片稍微切碎

淡色醬油1½大匙×15ml

深色醬油1大匙×15ml

蠔油1大匙×15ml

白胡椒粉¼小匙

冷水100ml

濃縮雞湯粉1小匙

印尼甜醬油（ketjap manis）1大匙×15ml，
或1大匙的深色醬油混合1大匙的淡黑糖
（soft dark brown sugar）

去皮生蝦（king prawns）10隻，若為冷凍應先行解凍

冬粉或米粉80g，根據包裝指示泡水後瀝乾

肉桂粉1大撮

丁香粉1大撮

- 將油倒入大型中式炒鍋，以大火加熱。加入大蒜、薑、八角、肉桂棒和切段的芹菜莖，翻炒1分鐘。
- 加入淡色醬油和深色醬油，小火煮（simmer）30秒，加入蠔油和胡椒粉。
- 加入冷水，再加入雞湯粉和印尼甜醬油（或混合深色醬油和淡黑糖），攪拌混合，再度加熱到沸騰。
- 加入生蝦，浸入湯裡。小火煮到蝦子煮熟。
- 最後加入瀝乾的冬粉或米粉，攪拌均勻－我發現左右手各拿一隻吃義大麵的叉子，最方便－使食材充分混合，液體幾乎完全被吸收。加入肉桂粉和丁香粉，再度攪拌，若不直接分盤，就倒入大型上菜碗內，撒上預留的芹菜葉。

STORE NOTE 保存須知

製作完成的2小時內，加以冷卻、覆蓋冷藏。可保存2天。冷食亦極美味。

Thai steamed clams
泰式清蒸蛤蜊

這是我泰國假期帶回來的另一道食譜，但欠缺實際的紀錄參考，得全憑我從味覺記憶中重新創造。我刻意做了一些改變， 因為本來的食譜用的是辣椒醬（chilli paste），而且幾乎沒有高湯，而我家常備著上等道地的泰國咖哩醬，我也喜歡椰子水的甜美細緻（雖然是紙盒包裝）。我特別想要的是那香氣四溢而又清爽的高湯：蛤蜊肉吃完後，把那芳香無比的湯汁湊到嘴前，就是無上的享受。此外，廚師Tum先生把這道菜當作晚宴的一部分，而我卻是當作晚餐單獨享用。在慢條斯理挑揀蛤肉進食的儀式中，自有出神的美好意境。你當然也可搭配一碗茉莉香米（只需10－15分鐘），在第一盤口味優雅的蛤蜊開胃菜之後，將湯汁和米飯混合，享受第二道的美食。

對我來說，這份食譜裡泰國九層塔葉（Thai basil）的香氣，是不可或缺的。但我猜若非親自當地走一趟，即使用切碎的芫荽葉代替，我一樣會很開心吧。

2－4人份

蛤蜊（palourde clams）1kg
泰國紅咖哩醬（Thai red curry paste）2小匙
椰子水 ½ 杯（125ml）
綠檸檬汁 1小匙
泰國九層塔葉或芫荽 1小把

- 將蛤蜊倒入大碗裡，加入足夠淹沒的冷水，浸泡15分鐘。瀝乾，丟棄仍然開啓的蛤蜊。
- 取出一個中式炒鍋（附蓋），舀入泰國咖哩醬，倒入椰子水，加入綠檸檬汁，攪拌混合。開火，當這紅色的液體開始沸騰時，倒入蛤蜊，加蓋。約需時5分鐘，使蛤蜊完全打開，露出裡面的飽滿蛤肉－同時搖晃一下鍋子，確保蛤蜊均勻地浸在液體裡並受熱。
- 移到大碗裡，丟棄未開啓的蛤蜊。均勻撒上大部分的芳香九層塔葉，可直接用這個大碗上菜，或分盛到個人湯碗裡。撒上剩下的幾片九層塔葉，別忘了確保每個人都有額外的空碗裝蛤蜊殼。

Thai turkey meatballs
泰式火雞肉丸

這不是我旅行帶回來的紀念品，而是某次造訪一位美國朋友時，嚐到的美味晚餐的變化版。裡面的泰國元素大概只有綠咖哩和相關材料，我不知道泰國有沒有火雞，更不用說火雞肉丸了。也就是說，這根本不是泰國菜，但它的味道真的很棒，做法又超級簡單，所以沒關係啦。我的確使用了道地的泰國咖哩醬和椰漿（這兩項從網路上的泰國商店購得，而非本地超市，品質更好也更便宜）。自從我看到泰國人在料理上大量揮霍雞湯粉後，我也毫不羞恥地使用濃縮雞湯塊製成的雞湯。倒也不是說，我對於使用雞湯塊或濃縮雞湯有顧忌，也許是故作堅強吧。雖然我覺得有點不好意思，但我拒絕偽裝出比平時更具道德、更勤快的那一面。

說到勤快，請你別因為要自製肉丸就因此怯步－這並不如你想像的辛苦。事實上，我發現這是件能帶來滿足感和安慰的工作，需要集中注意力，但並不困難。不妨當成是一種正念練習吧。說到廚房裡的正念練習（mindfulness），我都可以再寫一本書了。不過下次再說吧。

最後一點：這道菜我喜歡直接從碗裡享用，雖然有時可能會搭配一碗河粉，或直接將河粉加入同個碗裡。

6 人份

櫛瓜 4根（約750g）
火雞絞肉 500g
蔥 3根
大蒜 1瓣，去皮磨碎或切末
生薑 1塊2公分（10g），去皮磨薑泥
新鮮芫荽 1小把，切碎
乾燥辣椒片 1小匙
綠檸檬的磨碎果皮和果汁 1顆，最好是無蠟的
粗海鹽 1小匙，外加適量
葵花油 2小匙
泰國綠咖哩醬 3大匙 ×15ml，或適量
椰漿 1罐 ×400ml
雞高湯 500ml
魚露 3大匙 ×15ml
甜豆莢（sugar snap peas）350g

TO SERVE 上菜用：
泰國九層塔葉（Thai basil leaves）1小把
綠檸檬 2 – 3顆，切成綠檸檬角

- 先製作肉丸：取出1根櫛瓜（約200g），修切兩端。用蔬菜削皮刀，以條狀方式削除一些外皮，再將櫛瓜磨成短絲（grate）在一張廚房紙巾上。我建議你用粗孔研磨盒（coarse box cheese grater）；如果磨得太細，會變成櫛瓜泥了。儘量從磨成短絲的櫛瓜中擠出水分。
- 將磨成短絲的櫛瓜和擠出的水分，放入大碗裡，一邊將絞肉用手分開，一邊加入碗裡。
- 將蔥修切過，縱切對半後切碎。蔥白加入絞肉碗中，蔥綠備用。
- 加入大蒜和薑，再加入2大匙的切碎芫荽、乾燥辣椒片、綠檸檬果皮和鹽。
- 用叉子或雙手（我喜好後者），將絞肉輕柔地充分混合。如果太用力，肉丸的質地會變得緊實厚重，這是我們要避免的。當絞肉充分混合後，塑形成小肉丸（約滿滿1小匙的量），約可做出30個，要注意別失去控制越做越大了（這很容易發生）。
- 用大鑄鐵鍋或平底鍋（附蓋）將油加熱，加入蔥綠部分，快速翻炒一下。加入泰國咖哩醬，再加入椰漿上層的濃稠部分，趁熱和咖哩醬攪拌混合。
- 倒入剩下的椰漿，再加入雞高湯和魚露，加熱到沸騰。

- 將剩下的櫛瓜如前述以條狀削皮，縱切對半，以同樣的方式切成4等份，再切成約1公分的小塊。加入鍋裡。從外圍開始，以圓圈狀輕輕地加入肉丸，不要用鏟子戳它，因為肉丸的質地輕柔易碎。
- 等到鍋子再度沸騰時，加蓋，轉成小火煮20分鐘。檢查櫛瓜是否夠軟，肉丸煮熟，再加入甜豆莢和綠檸檬汁攪拌混合。檢查調味並根據個人喜好調整。
- 離火，撒上泰國九層塔葉（有的話），或撒上一些切碎的芫荽。我喜歡切一些綠檸檬角一起端上餐桌，讓大家在享用時自行搭配。

MAKE AHEAD NOTE 事先準備須知	FREEZE NOTE 冷凍須知
肉丸和醬汁可在1天前做好。在製作完成的2小時內加以冷卻，再覆蓋冷藏。以小火重新加熱到沸騰，小心不要弄碎肉丸。	煮好並冷卻的肉丸和醬汁，也可放入密閉容器內，冷凍保存3個月。放入冰箱隔夜解凍，再依照事先準備須知的指示，重新加熱。

Black rice noodles with ginger and chilli

黑米線佐薑與辣椒

我對香噴噴辣乎乎的麵條，就是毫無抵抗能力。這是另一道對我的靈魂，噴發出誘惑之火的食譜。我承認食材清單有點長，但我每次逛亞洲超市時，喜歡買得齊備一些，這樣心血來潮時（這很常發生），就萬事俱備。我知道我現在對黑米線（black rice noodles）有些狂熱－除了綠茶麵條和其他多種口味以外－但我一次不小心在架上看到後，就覺得非買不可。如果買得到，它的優點是質地夠韌實，所以吃不完的話，冷卻以後裝盒，就是第二天的便當。另一方面，你也可以用蕎麥麵（soba noodles）或其他麵條來代替，也不會失了面子，或是降低美味。

1－2人份

切碎的無鹽花生 2大匙 ×15ml

大蒜 1大瓣，去皮切碎

生薑 1塊6公分（30g），去皮切碎

葵花油 1小匙

麻油 2小匙

醬油 2大匙 ×15ml

紹興酒 2大匙 ×15ml

辣醬（如：是拉差 Sriracha）1½ 大匙 ×15ml

冷水 2大匙 ×15ml

黑米線（black rice noodles，見前言）200g

蔥 2根，修切過

切碎的新鮮芫荽 2大匙 ×15ml，外加裝飾用的完整葉片

- 將花生用鍋子乾烘到呈金黃色，倒入盤子裡冷卻。
- 將大蒜和薑放入一個底部厚實的鍋子裡（保持冷卻），加入葵花油和麻油，從小火開始加熱，等到開始發出熱油的嘶嘶聲時，加熱 1 分鐘（注意不要燒焦），然後離火。
- 現在小心地（以免熱油飛濺）加入醬油、紹興酒、辣醬和2大匙的冷水。重新加熱到沸騰，然後離火，倒入大碗裡冷卻。
- 用滾水加熱或浸泡麵條，直到變軟（或依照包裝說明），用流動的冷水沖洗一下，瀝乾，拌上醬汁。
- 將每根蔥切成3段再縱切成絲，加入麵條裡，再加入芫荽碎和大部分的花生。
- 將麵條分盛到2個小碗裡，加上一些芫荽葉和剩下的花生。

Chinese-inspired chicken noodle soup

中式雞湯麵

這道湯其實有雙重靈感來源。它是 Kitchen 書中我母親的讚雞（My Mother's Praised Chicken）的一種版本，裡面加入了許多中式元素。成品就是一碗美味的好湯，讓你想要不顧優雅地湊著嘴喝。我很慚愧地說我不會用筷子，除非是那種小孩子用的，用一張卡片和橡皮筋綁在一起的那種，但這道湯會讓我想努力地學。

我總是建議你選擇有機全雞（或有機肉品），但我也知道不是每個人都能負擔得起。但請注意，使用大量養殖的雞肉製作，做出來的湯不會太有味道（缺乏風味只是大量工業養殖的問題之一），所以要在水裡加一點雞湯塊或濃縮雞湯。

食材單上列了一長串，供上菜前撒上的材料，因為我很愛這種最後添加的風味。另外我沒列上的是韭菜花（Chinese flowering chives），如果剛好在亞洲超市看到，一定要買回來試試，風味獨特又美麗。雖然湯品本身的味道是中式的，但基於地理位置的不同，我對麵條本身做了調整，用的是 De Cecco Taglierini all'uovo 的黃金鳥巢（1 捲 1 人份），但我也喜歡用冬粉或米粉來搭配這雞湯。事實上，我想不出有什麼是不能搭配的：即使不加麵條（雖然與食譜名稱不對應），也是一碗幸福的美食。

6 – 8人份

蔥韭(leeks)3根，洗淨修切過

胡蘿蔔 3根，去皮修切過

西洋芹 3根，修切過

生薑 1塊7公分(35g)，去皮磨薑泥

小型或中型全雞 1隻(最好是有機放牧的)

葵花油 1大匙 ×15ml

紹興酒 125ml

芫荽的莖部1把，外加裝飾用的葉片(見下方)

冷水 2.5 公升

粗海鹽 2小匙

花椒 1小匙，或乾燥辣椒片

醬油2大匙 ×15ml，外加上菜的量

大蒜 2大瓣，去皮磨碎或切末

磨碎的綠檸檬果皮和果汁 1顆，最好是無蠟的

小青江菜 300g(或其他自選青菜)

櫻桃蘿蔔 100g

乾燥細蛋麵或米粉每人份1捲(約50g)

煮麵用的鹽適量

麻油 ½ 小匙，外加上菜用的量(見下方)

TO SERVE 上菜用：

麻油

新鮮紅辣椒 2根(或適量)，去籽切碎(可省略)

芫荽葉1把(見上述)

切碎的細香蔥(可省略)

- 將修切好的蔥韭縱切對半，切成1公分的長段，備用。將胡蘿蔔切成4公分的長段，再縱切成4等份。將西洋芹切成1公分的長段，預留葉片做裝飾。將薑泥磨在盤子上。我用的是細孔刨刀(Microplanegrater)，可磨出約4–5小匙的量。先別清洗刨刀，因為稍後還要繼續研磨大蒜和綠檸檬。

- 準備好蔬菜後，將綁縛全雞的棉繩解下，用廚房剪刀剪下腳踝部位(預留備用)，胸部朝下，放在砧板上，施力向下壓，直到聽到胸骨破裂的聲音－也許我不該這麼享受這種感覺－且全雞被稍微壓平。將雙手洗淨，用附蓋的平底鍋(尺寸能夠容納所有材料，我用的是直徑28公分、深12公分的平底深鍋，剛剛好)，將1大匙的葵花油加熱。

- 當油變熱後，放入全雞，胸部朝下，煎3分鐘直到上色；溫度不要太高，否則容易燒焦。翻面，轉成大火，加入紹興酒。趁著沸騰，加入雞腳、芫荽梗、胡蘿蔔和西洋芹。

- 倒入清水，加入粗海鹽、花椒（或乾辣椒片）、醬油和薑泥。加入大蒜，磨入綠檸檬果皮，擠入 ½ 顆綠檸檬汁。加熱到沸騰。

- 加蓋，轉成小火煮 1 小時。時間到了便打開蓋子，轉成大火，再度加熱到沸騰。加入之前切好的韭蔥。加蓋，但留出一半的空隙，煮 10分鐘。取下蓋子，繼續小火煮 10分鐘，使高湯濃縮一些。熄火，但不要移動鍋子，加蓋，靜置 20分鐘至 1 小時。同時，煮滾一鍋煮麵水，水滾後加入鹽。

- 準備享用時，將全雞移到砧板上：雞肉可能已經自動掉下來了，這樣更好。去除雞皮（我通常加以丟棄，只有酥脆的雞皮對我有吸引力），取下雞肉撕碎。如果這次你用不完所有的雞肉（柔軟而美味），可留著做成第二天的沙拉或三明治。

- 將青菜的莖部切碎，葉片另外放。櫻桃蘿蔔切成 4 等份。將雞湯重新加熱到沸騰，加入青菜莖和櫻桃蘿蔔，再度加熱到沸騰。同時，將麵條加入煮麵水中（如果使用細麵或米粉，只需 2 － 3 分鐘）。

- 在雞湯裡加入青菜葉。將麵條瀝乾。將麵條和撕碎的雞肉，放入上菜的個人湯碗裡。嚐嚐雞湯的調味，需要的話，再加點鹽（或醬油）和剩下的 ½ 顆綠檸檬汁。調味完畢，便可將這芳香四溢的雞湯及蔬菜，舀入已盛有麵條的湯碗裡，每碗各加入 1 滴麻油，撒上切碎的辣椒、芫荽或細香蔥。把醬油、麻油和切碎的辣椒、芫荽葉、細香蔥，也一起端到餐桌上，讓大家自行添加。警告：小心燙嘴。湯聞起來太香了，我想你可能會忍不住。

STORE NOTE 保存須知	FREEZE NOTE 冷凍須知
剩下的雞肉可在 1 小時內移到容器中，覆蓋冷藏。可保存 3 天。	剩下的雞肉在冷卻後可進行冷凍，放入密閉容器或冷凍袋，可保存 2 個月。使用前放入冰箱解凍一整夜。

Drunken noodles
酒醉炒粄條

關於酒醉炒粄條（Thai drunken noodles）這個名稱的由來，常見的解釋是因為特別辣，連最厲害的宿醉都能因此清醒。唯一的難題是，製作傳統的 pad kee mao 酒鬼粄條並不是容易的事，尤其是你感到疲累時，所以我提供了以下的簡易版。以回歸簡樸的方式－不加肉、魚或蔬菜－專注在重口味的火辣粄條上。

但可別為了吃它而醉得不省人事啊！何必非得要經過痛苦，才享受歡樂呢？先聲明，一杯半的白酒都會讓我不勝酒力。不過，我是能喝一大杯啤酒的，那種吞入嘴裡冰得發痛，同時舒緩這些令人上癮的粄條帶來的暢快麻辣滋味。

無論如何，我在清醒寧靜的碗食時刻，常做這道菜。大多數的材料在食品櫃就能找到，而且只要10分鐘就能享用。我覺得這些辣麵條真是無敵美味，而且辣得過癮。如果想要溫和一點的口味，可以將辣椒片的份量減半。至少，你踏出了第一步…

2人份（或是宿醉時、貪吃時的1人份）

乾燥粄條（pad thai）150g
冷水 2大匙×15ml
蠔油 1大匙×15ml
麻油 1小匙
葵花油 2小匙
生薑 1塊3公分（15g），去皮磨薑泥
大蒜 1瓣，去皮磨碎或切末
綠檸檬 1顆，最好是無蠟的
乾燥辣椒片 ½ 小匙
醬油 4大匙×15ml
切碎的新鮮碗荽 1小把

- 將粄條在熱水中浸泡8分鐘（或根據包裝指示），瀝乾，放在流動的清水沖一下。
- 將2大匙冷水放入杯中，加入蠔油混合，備用。
- 將油倒入中式炒鍋內，開火，加入薑、大蒜、磨入綠檸檬果皮－我用的是粗孔研磨器，因為比細孔的快。撒入辣椒片，充分攪拌混合。加入瀝乾的粄條，在又辣又燙的熱油裡攪拌混合－我發現左右手各持一支工具比較容易。

○ 加入以水稀釋的蠔油、綠檸檬汁和醬油，移到上菜的大碗（或2個湯碗裡），拌上切碎的芫荽。也順便端上醬油瓶和剩下的綠檸檬，以供享用時自行添加。我真的很愛吃辣，所以桌上也備有額外的辣椒片。

Rice bowl with ginger, radish and avocado

炊飯佐薑、櫻桃蘿蔔和酪梨

一碗飯是很奇妙的美食，常常－雖然標題看起來很單純－但內容卻是多變化且豐富。這道食譜回歸自然，呈現一碗風味美妙的糙米飯，裡面只有一些種籽、香草和櫻桃蘿蔔，最後再加上1顆酪梨。當然，這是大題小作了。請把這道食譜當成一個起點，自行發揮創意。我也常常依據手邊的食材，變化出不同的版本。

唯一的常數是米。我愛上了這種短梗糙米，比一般的糙米或白米更有咬勁而美味，但是我發現它的烹調方式和一般的白米不同。也就是說，一般煮米的原則是，1份長梗白米要對上2份的水；但是我發現煮這種短梗糙米時，1份米要對上1½份的水（不管包裝上怎麼說）。無論你用哪種米，用量杯以容積計算會比依照重量簡單許多（雖然我也給了重量的比例），因為容積的比例才是重點。事實上，我也用量杯來測量種籽，因為不需要把磅秤拿出來，讓我比較不焦慮。我提供了生薑的重量，但事實上，我只是用蔬菜削皮刀削出我覺得剛好的份量。我通常喜歡用生的櫻桃蘿蔔，但是現在手邊剛好有一些沒吃完的烘烤櫻桃蘿蔔，所以這就是你在圖片裡看到的。如果要吃熱的，可將切半的櫻桃蘿蔔澆上一點油，切面朝下，送入熱烤箱（約220°C /gas mark 7）爐烤10分鐘。

2人份

短梗糙米 ¾ 杯（150g）

清水 1杯（250ml）

生薑 1塊5公分（25g），去皮

櫻桃蘿蔔 4 － 6顆

醬油 1½ 大匙 ×15ml

有機非澄清（cloudy）蘋果酒醋 1小匙

綜合種籽，如南瓜籽、葵花子、芝麻等 ¼ 杯（4大匙 ×15ml）

切碎的新鮮芫荽 3-4大匙 ×15ml

熟酪梨 1小顆

- 將米和水放入附蓋、底部厚重的平底深鍋內，加熱到沸騰。一旦開始沸騰便加蓋，轉成極小火煮（simmer）25分鐘。熄火，靜置5分鐘，使米粒完全煮熟但仍帶有口感，液體也完全吸收。
- 同時，用蔬菜削皮刀將生薑削薄片。將櫻桃蘿蔔縱切成4或8等份（視大小而定）。
- 米飯煮好後，舀入攪拌盆內。加入醬油，以及蘋果酒醋，用叉子拌勻。依照同樣的方式，加入薑片、櫻桃蘿蔔和綜合種籽拌勻。加入大部分的芫荽，繼續用叉子拌勻。
- 分盛到2個小碗中，放上切塊的酪梨（半月型或小丁狀皆可）。撒上剩下的芫荽，寧靜舒適地享用。

MAKE AHEAD NOTE 事先準備須知

如果想要冷食，這道料理可在1天前做好。將煮好的米飯鋪在大盤子上，快速冷卻。在1小時內覆蓋冷藏。

Sweet potato macaroni cheese
甘薯起司通心粉

我不得不說：這是我吃過最好吃的起司通心粉：比我小時候吃過的還要好吃、比我餵給自己小孩的還要好吃（他們不同意）、比任何一家高級餐廳的白松露或龍蝦版本還要好吃、比我一生中曾經吃過、愛過的，都還要好吃（你要知道，這個名單很長的）。

我這樣大聲宣稱並非自誇，因為它的偉大與我無關，而在於熱度將這些簡單食材所激發出來的美味。這就是家庭料理的真諦。

我喜歡這些小起司通心粉的美麗顏色，像是用便宜、加了人工色素的擠壓起司（squeezy cheese）做出來的。但事實上，這充滿異國風情的色澤，來自甘薯的天然養份。

4 人份

甘薯 500g

小通心粉（pennette）或其他短型義大利麵 300g

軟化的無鹽奶油 4大匙 ×15ml（60g）

麵粉 3大匙 ×15ml

全脂鮮奶 500ml

英格蘭芥末醬 1小匙

匈牙利紅椒粉（paprika）¼ 小匙，外加撒上的 ¼ 小匙

費達起司（feta cheese）75g

成熟的切達起司（mature Cheddar）125g，磨碎，外加撒上的25g

新鮮的鼠尾草（sage）葉 4片

鹽和胡椒適量

- 將烤箱預熱到200℃ /gas mark 6。將一大鍋水加熱到沸騰，加蓋使加熱更快速。

- 將甘薯削皮，切成2 – 3公分的小塊。水滾之後，加入適量的鹽，再加入甘薯，煮約10分鐘直到變軟。用漏杓或網杓將甘薯舀到碗裡，用叉子稍微壓碎，但不要成為泥狀。先不要將鍋裡的水倒掉，待會可用來煮義大利麵。

- 在另一個平底深鍋內，以小火融化奶油，加入麵粉，攪拌形成油糊（roux），離火，緩緩加入牛奶攪拌到充分混合、質地滑順，重新開火加熱。用木匙繼續攪拌，直到這稍微冒泡的醬汁不再有麵粉味，變得濃稠。加入芥末醬和 ¼ 小匙的紅椒粉，調味，但記得稍後還要加入帶鹹味的切達和費達起司，所以現在要淡一點。

- 用煮甘薯的水來煮小通心粉，在包裝指示的烹調時間到達前2分鐘開始測熟度，以免煮得過爛。瀝乾（預留一些煮麵水），加入壓碎的甘薯裡，輕柔拌勻；義大利麵的熱度會使碎甘薯更易混合。
- 一邊捏碎，一邊均勻地加入費達起司，加入白醬，輕柔拌勻，一邊加入125g磨碎的切達起司。需要稀釋的話，再加一點煮麵水。
- 再度檢查調味，將這充滿醬汁的起司通心粉，舀入4個容量為375-425ml的耐熱小皿中，或盛入1個長方形的大烤皿（約為30 × 20 × 5cm、容量約為1.6公升）。撒上剩下的切達起司與匈牙利紅椒粉。切碎鼠尾草葉，撒上這些綠色的細緞帶。
- 將這4個小皿放在烤盤上，送入烤箱，烘烤20分鐘（若用一個大皿，應烘烤30 – 35分鐘），你就可以看到它們不斷地冒泡，一幅懇求你吃它的樣子。

MAKE AHEAD NOTE 事先準備須知

起司通心粉可在1天前做好。當義大利麵煮好後，預留100ml的煮麵水，加入白醬中（看起來也許太稀，但義大利麵在冷卻時會吸收醬汁）。移到耐熱小皿中（先不要加鼠尾草）。冷卻後，在2小時內覆蓋冷藏。在烘烤前，撒上切達起司、紅椒粉和鼠尾草，烘烤時間要多加5 – 10分鐘，上菜前檢查中央部位是否沸騰並完全熟透。

Pasta alla Bruno
布魯諾的義大利麵

這本書裡有一道受我女兒啓發的菜：科希瑪的雞肉（Chicken Cosima，見**第149頁**），所以應該也要收入另一道我兒子的菜才公平。這是他偏愛的義大利麵－也可用西班牙臘腸（chorizo）做，如果手邊有的話－有許多個早晨，我走進廚房，可看到前一晚他深夜料理的痕跡。另一個變化的版本是在烹調最後，當義大利麵正在悄悄地吸收醬汁時，加入新鮮的莫札里拉起司；但我覺得最好還是不要加。在我家裡，還是由我做主。在你家裡，你是老大。

2 人份，或青春期男孩的 1 人份

手捲麵（casarecce 或其他種類）200g
煮麵水的 1 小匙鹽，或適量
烹調用橄欖油 1 小匙
培根（rashers thin-cut smoked streaky bacon）6片
大蒜 1 瓣，去皮磨碎或切末
成熟櫻桃番茄 200g，切成 4 等份
乾燥辣椒片 1 小匙
帕瑪善起司或莫札里拉起司，上菜用

- 將一鍋水煮滾準備煮麵，沸騰後加入 1 小匙鹽或適量，加入義大利麵。包裝上說要煮 11 分鐘，但我覺得應該不用這麼久，所以儘早測熟度。煮義大利麵的同時來做醬汁，想要的話，也可事先做好，因為可以加蓋保溫。
- 將油倒入中式炒鍋或附蓋、底部厚實的平底鍋，開火加熱，用剪刀剪入培根碎，煎到酥脆（若要培根保持酥脆，現在就移到盤子裡，不要覆蓋，要吃的前一刻再放回去）。將鍋子離火，加入大蒜攪拌一下，再放回爐子上開火。加入櫻桃番茄和辣椒片，攪拌均勻加蓋。
- 不時將鍋子搖晃一下，同時將蓋子打開一兩次攪拌一下。
- 義大利麵煮好後（但仍有咬感），用網杓或漏杓，將義大利麵舀到中式炒鍋裡，加一點煮麵水以免醬汁凝固。加蓋，熄火，靜置在同一個爐口上 5 分鐘。
- 將培根放回去，檢查調味，倒入碗裡，盡情享用。

Pasta snails with garlic butter
義大利麵蝸牛和大蒜奶油

我對飲食上的雙關語（culinary pun）一向無抵抗能力，這道食譜尤其使我忍俊不住。這是大蒜奶油蝸牛沒錯，只是蝸牛就是義大利麵。你知道，一般人吃大蒜奶油蝸牛，也不過為了其中的大蒜奶油而已，所以對我來說，這道菜並不會比較差。它的質地頗為濃郁沒錯，但裡面的義大利麵蝸牛，使它比原本的奶油田螺（escargots）還清淡一些。只是，我猜你恐怕會忍不住地狼吞虎嚥。

2 人份

蝸牛義大利麵（lumache rigate）150g

煮麵水的鹽，適量

軟化的無鹽奶油 50g

大蒜 2大瓣或4小瓣，去皮磨碎或切末

粗海鹽 1小撮，外加適量

切碎的巴西里 1杯（30g）

- 煮滾一大鍋水來下麵，加入鹽，根據包裝指示煮麵，在烹調時間到達的前2分鐘開始測熟度。
- 取一個待會可容納義大利麵的平底深鍋，用小火融化奶油，加入大蒜和1小撮粗海鹽，煎炒1分鐘，不要使大蒜上色。加入巴西里，攪拌加熱1分鐘，直到醬汁轉成鮮綠色。
- 當義大利煮好但仍有咬勁時，預留一些煮麵水再瀝乾。
- 將瀝乾的義大利麵加入醬汁鍋中，加入1大匙的煮麵水，攪拌混合－鍋子下方仍開著火－再加入1大匙左右的煮麵水，要使義大利麵能夠均勻沾裹上醬汁。調味後立即享用。

Merguez meatballs
梅爾蓋茲肉丸

這道食譜既快速又簡單，但咬下一口，你絕對猜不出來：肉丸的細緻，像是細心的手工做出來的；濃郁辛香的醬汁，像在爐子上煮了好多天。我不會為這投機取巧的行為：肉丸是用梅爾蓋茲香腸擠出的絞肉做的，而濃郁醬汁的基底來自 1 罐炙烤甜椒，而感到抱歉。因為成果是真實的美味、一級棒的家常菜。

2－4人份

梅爾蓋茲香腸（merguez sausages）500g	多香果（ground allspice）1小匙
烹調用（regular）橄欖油 2大匙 ×15ml	肉桂粉 1小匙
切碎的番茄罐頭 1罐 400g	粗海鹽 2小匙
油漬炙烤甜椒 1罐 ×290g	流質蜂蜜 1大匙 ×15ml
小茴香籽（cumin seeds）2小匙	

○ 將香腸肉擠出，塑形成小肉丸（1顆約是2小匙的絞肉）。共可做出34顆，同時還要小心不能越做越大，每顆肉丸應保持櫻桃番茄的尺寸。

○ 用寬口、底部厚重的平底深鍋或附蓋鑄鐵鍋來加熱油。將肉丸煎約3分鐘，盡量舀除多餘的油脂丟棄。

○ 加入切碎的番茄，將甜椒瀝乾後切碎（或剪碎）加入。

○ 撒入辛香料，加入鹽和蜂蜜（先將湯匙抹上油），加熱到沸騰，加蓋但留一半空隙，小火煮10分鐘。你當然可以煮些白飯或北非小麥（couscous）來搭配，或直接用上等麵包蘸著吃。

MAKE AHEAD NOTE 事先準備須知	FREEZE NOTE 冷凍須知
肉丸和醬汁可在1天前做好。在2小時內冷卻、覆蓋冷藏。以小火重新加熱到完全沸騰，小心不要讓肉丸破裂。	吃不完的肉丸和醬汁，可在冷卻後放入密閉容器冷凍，可保存3個月。放入冰箱隔夜解凍，再依照事先準備須知重新加熱。

Indian-spiced shepherd's pie
印度香料牧羊人派

一位讀者很慷慨地寄給我，她『印度牧羊人派』的食譜（應我所請，因為她在推特上提到），因而啓發了這道食譜的靈感，但其實兩者很不一樣。做菜就是這樣：我們每個人，在自己的廚房裡都有自己的主題，但同時也（幸好）擺脫不掉別人影響的想法和習慣。

我的孩子很喜歡這道菜。事實上，我還不知道有哪個人吃過以後不喜歡的。雖然辛辣夠味（你可調整辣度），卻又帶來撫慰，是傳統做法結合了一些新鮮的元素，我很滿意。

我之所以用甘薯來做表面餡料，只是因為它比一般的馬鈴薯更好削皮和壓泥；和香辣的肉塊也搭配得恰到好處，尤其是加了綠檸檬和薑汁之後。你可以在下一頁看到我榨取薑汁的技巧，在許多場合都用得到，當我覺得需要時，常常擠在上菜前的濃湯或燉菜上。

4人份

FOR THE TOPPING 表面餡料：

甘薯 1kg

粗海鹽 2小匙

白胡椒粒 2大匙 ×15ml

小荳蔻莢（cardamom pods）6個，壓碎

削下的條狀綠檸檬果皮和果汁 ½ 顆，最好是無蠟的

冷水約1 公升

生薑 1塊4公分（20g），去皮，外加內餡的量（見下方）

FOR THE FILLING 內餡：

大蒜 3瓣，去皮

生薑 1塊4公分（20g），去皮

洋蔥 1顆，去皮

小荳蔻莢的種籽6個

小茴香籽（cumin seeds）2小匙

芫荽籽（coriander seeds）2小匙

冷壓椰子油 2大匙 ×15ml

印度綜合香料（garam masala）2小匙

乾燥辣椒片 1小匙

薑黃（ground turmeric）1小匙

羊絞肉（minced lamb）500g，最好是有機放牧的

切碎的番茄罐頭 1罐400g

紅扁豆（red lentils）100g

粗海鹽 1小匙

伍斯特辣醬（Worcestershire sauce）2大匙 ×15ml

TO DECORATE 裝飾用：

開心果（pistachios）4小匙，剪碎或切碎

- 將烤箱預熱到220℃ /gas mark 7。從表面餡料開始，將每顆甘薯切成約4 – 5公分的小塊。
- 將這些未削皮的甘薯塊放入一個大型的平底深鍋（附蓋）內，加入鹽、胡椒粒、壓碎的小荳蔻莢和條狀綠檸檬果皮（先不要加薑），然後加入足夠的冷水（約1公升）淹沒。
- 加熱到沸騰後將火力稍微轉小，加蓋，再煮30分鐘，直到甘薯變軟。同時進行內餡部分。
- 將大蒜和薑切厚片，洋蔥切4等份，然後全部放入食物料理機的容器內，加入小荳蔻籽、小茴香籽和芫荽籽，打開馬達，將這些食材打碎。你也以用一個碗和手持式攪拌棒來打碎，或直接用雙手來切碎。
- 取一個底部厚實（並附蓋）的鍋子，加熱椰子油，加入以上切碎的香料。

- 加熱幾分鐘，同時持續翻炒，加入印度綜合香料、辣椒片和薑黃，倒入羊絞肉，攪拌混合並輕柔地將絞肉分開。
- 加入切碎的番茄，將空罐裝滿冷水搖晃一下一起加入。加入紅扁豆攪拌均勻。
- 用鹽和或伍斯特辣醬調味，加熱到沸騰，加蓋，轉成小火煮25分鐘。中間攪拌一兩次以防黏鍋。
- 甘薯煮熟後瀝乾，預留煮甘薯的水，冷卻到不燙手，剝除甘薯皮，再放入寬口碗中。
- 用馬鈴薯搗泥器（masher）或其他工具（叉子也可以），將甘薯壓成泥，同時緩緩加入一些甘薯水混合－使甘薯泥稀釋到可塗抹的質地－擠入半顆綠檸檬汁。
- 將去皮的薑磨入盤子內－我用粗孔刨刀（microplane）－再用湯匙將薑泥舀到一張廚房紙巾的中央。現在動作要快一點，將紙巾的四個角拿起來捏緊在一起，形成一個擠泥袋（swag-bag），然後在甘薯碗上方擠壓，使薑汁流入。將薑汁和甘薯泥攪拌均勻，檢查調味，看是否需要更多的綠檸檬汁或薑汁。
- 羊肉煮好後，分盛到4個耐熱小碗或烤皿中（容量400ml），或1個長方形大皿中（30×20×5cm，容量為1.6公升），再平均加上甘薯泥抹開，直到覆蓋容器的邊緣。
- 放到烤盤上，送入烤箱烤10－15分鐘（如果使用一個大皿，則需要30－35分鐘）。甘薯泥（雖然不會形成酥脆的外殼）和底下的羊肉，都應沸騰且非常熱燙。
- 上菜前，每一個碗都撒上1小匙的開心果碎。

MAKE AHEAD NOTE 事先準備須知	FREEZE NOTE 冷凍須知
牧羊人派可在2天前組合好。冷卻後（在製作完畢的2小時內）覆蓋冷藏，要享用時再取出。烘烤時要延長10-15分鐘，確保派的中央完全沸騰熱燙再上菜。	將牧羊人派用兩層保鮮膜和一層鋁箔紙緊密包覆，再加以冷凍，可保存3個月。放入冰箱隔夜解凍，再依照事先準備須知烘烤。

Warm spiced cauliflower and chickpea salad with pomegranate seeds

香料花椰菜和鷹嘴豆溫沙拉佐石榴籽

這是我最喜歡的晚餐之一，當然也可當成傳統晚餐的配菜。若要增加飽足感，可加入一點捏碎的費達起司。但對我來說，這裡的版本就很完美了：爐烤過的番茄幾乎融化成調味汁，花椰菜變軟但不至軟爛。我通常用的是自己煮熟的鷹嘴豆（我會分批用慢燉鍋來煮，再分成250g 的包裝冷凍起來，見**第211頁**）；不然就用已經煮熟的玻璃罐裝西班牙鷹嘴豆，它們是比罐頭貴，但若要便宜，就不如買乾燥的豆子。真的要用罐頭鷹嘴豆也沒甚麼，我也做過這樣的事，因為你不可能永遠都準備充份，確保冰庫裡隨時都有煮熟的鷹嘴豆。所以我同時也會在食品櫃裡，備有鷹嘴豆罐頭，它們也可用來做這道菜，只是不會那麼軟；但也無妨，因為多汁的花椰菜和番茄已經夠軟嫩了。

這裡的巴西里不是 garnish（裝飾）－天啊，這個字真是 ... －而是當作沙拉葉。這道料理如果冷食，也非常方便可口，所以如果有剩餘，可以做成第二天的便當，或是當你回到家餓得要命的時候，連外套都來不及脫，就可以站在冰箱前面，動手吃起來了。

飽足的2人份，或留下剩菜的1人份

花椰菜 1小顆

烹調用橄欖油 3大匙 ×15ml

肉桂粉 ½ 小匙

小茴香籽（cumin seeds）2小匙

自己煮熟或玻璃罐，或罐頭瀝乾的鷹嘴豆 250g

哈里薩辣醬（harissa）1–2大匙 ×15ml 或適量（視辣度而定）

成熟的帶藤番茄 4小顆（共約150g）

粗海鹽1小匙，或適量

石榴籽 3–4大匙 ×15ml

平葉巴西里 1大把（約100g）

- 將烤箱預熱到220℃ /gas mark 7。將花椰菜修切過，分切成小花束。將油倒入大碗裡，加入肉桂和小茴香籽，攪拌混合，使香料香氣散出。倒入準備好的花椰菜，拌勻。接著全部倒入一個小烤盤裡（我通常用的是30×20cm 可拋棄式的鋁箔盒），送入烤箱烘烤15分鐘。先不要清洗剛用過的這個碗。

- 在碗裡倒入鷹嘴豆，加入哈里薩辣醬，嚐一下味道，看是否需要放第2大匙，拌勻。將番茄切成4等份，加入碗裡，搖晃一下（或攪拌）混合。當花椰菜烤了15分鐘後，將烤盤從烤箱取出，快速加入鷹嘴豆和番茄，拌勻，再送回烤箱烤15分鐘，直到花椰菜變軟。

- 將烤盤從烤箱取出，在蔬菜上撒鹽，加入一半的石榴籽拌勻，分盛到2個碗裡。將巴西里葉（不用切）平均分到這2個碗裡，再度拌勻。撒上剩下的石榴籽。

STORE NOTE 保存須知

剩菜冷卻後，在製作完畢的2小時內覆蓋冷藏。可保存2天。冷食上菜。

Stir-fried rice with double sprouts, chilli and pineapple

雙蔬鳳梨香辣炒飯

這是我的超快速一碗滿足招牌菜之一——即時的撫慰，即時的喜悅。以下的伎倆我不羞於承認：我用的是已煮熟的巴斯馬蒂包裝糙米，和超市的包裝新鮮鳳梨丁。好啦，我勇敢承認了。而且，雖然下面說這是2－4人份（是真的），但是我也常為自己準備這樣的量，然後把剩菜放入冰箱，等下次再吃（冷食）。若要做成搭配冷火腿之類的配菜，那麼以下的份量可供應6人份。

當作主食的 2 – 4 人份，當作配菜時可供應更多人

球芽甘藍（brussels sprouts）250g，修切過
蔥 2根，修切過
新鮮鳳梨丁 150g
生薑 1塊3公分（15g），去皮磨薑泥
乾燥辣椒片 ½ 小匙
冷壓椰子油 2大匙 ×15ml
煮熟並冷卻的糙米 250g
豆芽 250g
醬油 2大匙 ×15ml
綠檸檬汁 2大匙 ×15ml
切碎的新鮮芫荽 3大匙 ×15ml

- 用鋒利的刀子和無比耐心，將球芽甘藍切薄片，再將蔥切成蔥花，將兩者混合。
- 鳳梨丁切成 1 公分的小丁，放入碗裡。加入薑泥和辣椒片，充分混合。
- 取出中式炒鍋，用大火融化椰子油。加入球芽甘藍片和蔥花，翻炒（我的左右手各拿一支鏟子）3 分鐘（球莖甘藍會部分上色）。
- 加入糙米快速拌勻，加入豆芽與辣椒薑味鳳梨（及其果汁），翻炒 1 分鐘左右，再加入醬油、綠檸檬汁和 2 大匙的切碎芫荽。繼續翻炒 1 分鐘，直到所有食材變熱（尤其是糙米），移到溫熱過的大碗或個人餐碗內，撒上剩下的芫荽碎。

STORE NOTE 保存須知

剩菜冷卻後，在 1 小時內覆蓋冷藏。可在冰箱內保存 1 天。冷食上菜。

Middle-Eastern minestrone
中東蔬菜湯

這不是正宗的中東菜，而是我自己的創意，更精確地說，是添加了中東風味的蔬菜湯。傳統義大利蔬菜湯使用義大利麵，我則用布格麥（bulgur wheat）取代。

像許多濃湯一樣，靜置過後它會變得更濃稠，可再加點液體稀釋，或當作燉菜來吃。無論如何，它的香氣迷人，令人飽足，現在已經變成我最喜歡的食譜之一了。

約為6人份

烹調用(regular)橄欖油 2大匙 ×15ml

紅洋蔥 1顆，去皮切碎

粗海鹽 適量

奶油南瓜(butternut squash) 1顆(近1公斤)，去皮去籽切成2公分小丁

大蒜 1瓣，去皮磨碎或切末

小茴香籽(cumin seeds) 2小匙

芫荽籽 2小匙

醃黃檸檬(preserved lemons) 2－3顆(視尺寸而定)，切碎

自己煮熟或玻璃罐，或罐頭瀝乾的鷹嘴豆 250g

清淡的蔬菜高湯 1.5公升

布格麥(bulgur wheat) 100g

切碎的新鮮芫荽，上菜用(可省略)

- 用底部厚實、附蓋的平底深鍋，將橄欖油加熱，加入洋蔥，撒一點鹽，煎炒3分鐘，直到變軟。
- 加入南瓜丁、大蒜、小茴香籽和芫荽籽，攪拌混合，加熱約10分鐘。
- 倒入切碎的醃黃檸檬和瀝乾的鷹嘴豆，加入蔬菜高湯，加蓋但留下一半的空隙(避免液體蒸發太多)。小火煮約20分鐘，南瓜應剛好煮熟。
- 加入布格麥，加蓋，小火加熱10分鐘，使蔬菜變軟，麥粒變軟但仍帶有口感。想要的話，上菜前撒上芫荽碎。

STORE NOTE 保存須知	FREEZE NOTE 冷凍須知
剩菜冷卻後，在製作完成的2小時內覆蓋冷藏，可保存3天。重新加熱時，將湯倒入平底深鍋內，需要的話，加入額外的水或高湯，以小火加熱到沸騰(不時攪拌)。	冷卻後的濃湯可放入密閉容器內，冷凍保存3個月。放入冰箱隔夜解凍，再依照保存須知的指示重新加熱。

Split pea soup with chilli, ginger and lime
豌豆湯佐辣椒、薑和檸檬

這是那種濃郁的冬季濃湯，但辣椒、薑和綠檸檬帶來了刺激新鮮的風味。在濃冽清新的酸辣滋味之餘，粒狀的黃豌豆，也提供了另一種鮮明的口感，並增加了滿足感。

6－8人份，可做出約2公升

黃豌豆（yellow split peas）500g

蔥6根，修切過再切成蔥花

新鮮紅辣椒3根，切碎（帶籽或去籽）

大蒜2瓣，去皮磨碎或切末

清水2公升

蔬菜高湯粉2小匙，或適量

生薑1塊5公分（25g），去皮磨薑泥

磨碎的綠檸檬果皮和果汁2顆，最好是無蠟的

鹽適量（可省略）

TO SERVE 上菜用：

切碎的芫荽或蔥花，或切碎的新鮮辣椒，或三者都加

- 將黃豌豆、蔥、辣椒和大蒜，放入一個大型鑄鐵鍋或底部厚重、附蓋的平底深鍋內。倒入清水，加熱到沸騰，一旦開始冒泡就加蓋，將火稍微轉小，煮40－60分鐘，不時攪拌，直到豌豆煮熟破裂。如果湯變得太濃稠就再加點水，但是也有另一派人，認為這個湯應該要濃稠點，像聖經裡的濃湯（mess of potage）。

- 一旦豌豆煮熟變軟，就用高湯粉來調味。下手時請小心，先加一點點，因為稍後還會有更重的口味加入。加入薑泥，磨入綠檸檬果皮，擠入綠檸檬汁。嚐味道－想要的話，再加一點高湯粉或鹽－立即倒入個人餐碗內，依照個人喜好，放上切碎的芫荽或蔥花或辣椒（或三者都加）。

STORE NOTE 保存須知	FREEZE NOTE 冷凍須知
剩下的濃湯冷卻後（不加表面配料），在製作完成的2小時內覆蓋冷藏，可保存3天。以平底深鍋用小火重新加熱，不時攪拌，直到沸騰。需要的話，加入額外的水。	冷卻後的濃湯可放入密閉容器內，冷凍保存3個月。放入冰箱隔夜解凍，再依照保存須知的指示重新加熱。

Spiced parsnip and spinach soup
香料防風草根和菠菜濃湯

香料防風草根濃湯，是我童年與青少年時期家裡的常備菜－和我同期或更資深的，應該記得當時咖哩風味防風草根濃湯受歡迎的程度－這裡的配方，雖然受到個人回憶所啓發，但卻完全不同。它很濃郁（卻不含當時必用的奶油）、香甜，而且如撞球檯般鮮綠。我加入了菠菜，多了一股飽和的大地氣息，提升了它的口感和風味，簡直就是含蓄防風草根的天生絶配。

我的冰庫裡常備有冷凍有機菠菜葉，（雖然是小方塊狀，但加入熱湯裡煮時，就會舒展成菠菜葉）。有人曾告訴我，菠菜會從地底深處吸收營養，所以特別值得購買有機的。不知是否正確，但也許是被催眠了，從此以後總是奉行不悖。

當作晚餐的 2 人份，可做出約 1 公升，並有足夠剩菜，當作隔天的 1 人份午餐

防風草根（parsnips）500g

大蒜 1 大瓣，去皮

雞高湯或蔬菜高湯 1 公升

印度綜合香料（garam masala）1 小匙

冷凍有機菠菜葉 150g

大量現磨肉豆蔻（nutmeg）

鹽和胡椒適量

- 將防風草根削皮後切成同尺寸的小塊，可使加熱更均勻：也就是說，纖細的部分保持原狀，粗塊分切小塊。將大蒜切成 3 等份。然後將防風草根和大蒜全部加入 1 個（附蓋的）平底深鍋內。加入高湯淹沒，加熱到沸騰，將火稍微轉小，加蓋，小火煮 15 分鐘，直到防風草根變軟。
- 加入印度綜合香料混合，放入冷凍菠菜，加蓋，續煮 5 分鐘，使菠菜解凍變熱。
- 將鍋子離火，稍微冷卻。用手持式攪拌棒，將濃湯小心地打碎到質地滑順。加入大量的現磨肉豆蔻，並加以調味。湯會因為靜置而變得更濃稠，可再加水稀釋。

STORE NOTE 保存須知	FREEZE NOTE 冷凍須知
剩下的濃湯冷卻後，在製作完成的 2 小時內覆蓋冷藏，可保存 3 天。以平底深鍋用小火重新加熱，不時攪拌，直到沸騰。需要的話，加入額外的水。	冷卻後的濃湯，可放入密閉容器內，冷凍保存 3 個月。放入冰箱隔夜解凍，再依照保存須知的指示重新加熱。

Sweet potato, ginger and orange soup
甘薯、薑和柳橙濃湯

我常吃這個當晚餐，因為我的冰箱常備有一堆烤甘薯，使生活簡單許多。如果你沒有，我建議在前一天晚上將甘薯烤好，這樣當你第二天（或某一天）想做這個湯的時候，只需3分鐘就能享受這道溫暖、撫慰而美味的大碗濃湯。然而，即使等到當天再開始爐烤甘薯，在烘烤同時與之後，都用不著你太費事。

2－4人份，可做出約1公升

中型甘薯 2顆（共約500g）

蔬菜高湯 750ml

薑泥 2小匙

磨碎的柳橙果皮 ½ 顆，最好是無蠟的，和2小匙果汁

綠檸檬汁 1小匙

卡宴紅椒粉（cayenne pepper）¼ 小匙

鹽適量

- 將烤箱預熱到220℃ /gas mark 7。將甘薯放入鋪了鋁箔紙的小烤盤裡（或使用拋棄式的鋁箔烤盒）（烤甘薯流出的蜜汁不易清洗），並用刀尖或叉子刺上幾個小洞。烘烤1小時，直到甘薯變軟。從烤箱取出冷卻。我喜歡在前一天這樣做，或是烤箱正在烘烤別的食物，而有多餘的空間時。
- 取出附蓋的平底深鍋，將甘薯一個接一個剝皮加入。倒入高湯，加入薑泥、½ 顆柳橙果皮和2大匙果汁、綠檸檬汁和卡宴紅椒粉。攪拌混合，加蓋，開火加熱到沸騰。
- 嚐味道，靜置冷卻一會兒，用手持式攪拌棒打碎到質地滑順，想要多點口感時，可只用叉子稍微壓碎。

MAKE AHEAD NOTE 事先準備須知	STORE NOTE 保存須知	FREEZE NOTE 冷凍須知
甘薯可在2天前烤好。移到適合的容器內，覆蓋冷藏到需要時再取出。	剩下的濃湯冷卻後，在製作完成的2小時內覆蓋冷藏，可保存3天。以平底深鍋用小火重新加熱，不時攪拌，直到沸騰。需要的話，加入額外的水。	冷卻後的濃湯可放入密閉容器內，冷凍保存3個月。放入冰箱隔夜解凍，再依照保存須知的指示重新加熱。

Pea and broccoli soup
豌豆和青花菜濃湯

你可以看到，我家有許多種類的豌豆湯，之前的食譜書也寫過不少版本，現在仍常在我的廚房出現。偉大的 Nigel Slater 稱呼我為『冷凍豌豆女王』，不是沒有理由的（我深感驕傲）。這道食譜是我最新的版本，過去兩年也做過不少次，很開心有機會和你分享。

除了冷凍豌豆外，也可加入冷凍青花菜及薄荷茶包，便成了只需用冷凍庫兩種材料和食物櫃即可完成的晚餐。這並非此濃湯的唯一優點：豌豆的甜味和青花菜的獨特氣息，可彼此制衡；細緻婉約的薄荷，更增添一絲優雅風味。我已經不太記得，當初是怎麼想到用薄荷茶包加到湯裡的，但我很開心有這樣的點子，做出令人滿意的成果。請你一定要用百分百的純薄荷茶包，而非其他的新奇口味。要試當然也行，若效果不佳，請記得那是你自己的實驗。

現在才突然想到，這是全素食的食材，但請相信我，它的美味一點都不勉強。這是設計來提供愉悅，而非剝奪樂趣的，很樂意向你報告，這個目標的確達到了，而且過程簡單快速。

4 – 6 人份，可做出約 1.5 公升或 6 杯

剛煮滾的熱水 5杯（約1.25公升）

純薄荷茶包 1包

粗海鹽 2小匙

大蒜 2大瓣或4小瓣，去皮

冷凍豌豆 300g

新鮮或冷凍青花菜 300g

- 將熱水倒入一個附蓋的平底深鍋（能夠容納所有食材），加入茶包與鹽攪拌，浸泡約 5 分鐘。
- 取出茶包，擠出剩下的薄荷茶，加蓋，將這一鍋薄荷水加熱到沸騰。
- 一旦沸騰，加入大蒜和冷凍豌豆，加蓋，再度加熱到沸騰。
- 現在加入青花菜，加蓋但留出一半的空隙，煮 10 分鐘，直到青花菜變軟。若使用冷凍青花菜，也依照同樣的程序。
- 讓湯冷卻一下，再用手持攪拌棒打碎到質地滑順，調味，上菜。

STORE NOTE 保存須知	FREEZE NOTE 冷凍須知
剩下的濃湯冷卻後，在製作完成的2小時內覆蓋冷藏，可保存3天。以平底深鍋用小火重新加熱，不時攪拌，直到沸騰。需要的話，加入額外的水。	冷卻後的濃湯可放入密閉容器內，冷凍保存3個月。放入冰箱隔夜解凍，再依照保存須知的指示重新加熱。

宴客菜

DINE

DINE
宴客菜

這一章的標題，聽起來帶點高級餐廳桌邊服務（Silver Service）的意味，但放輕鬆－我是不在家裡辦什麼晚餐宴會的，也不建議你這麼做。所以，我不是要讚美專職家庭主婦（Stepford Wife）的生活，而是想要努力重新定義”宴客”。我逐漸了解到自己的一面：如果邀請客人來家裡，使我無法像穿著睡衣、不化妝一樣自在，就沒有意思。並不是說，我非得穿著睡衣、不化妝才行，但是我的確常這麼做，很多朋友可以作證。

我這個人對於在家裡請客這件事，一向是很放鬆的：那種完美主義的作風，會讓主人和客人同樣地如坐針氈。隨意的風格，不但是最受歡迎的方式，而且對我來說，也是唯一不會讓我後悔發出邀約的方式。我不搞開胃菜那一套；不講究擺設餐桌，餐具都放在罐裡讓朋友們自行取用；也絕對不仿效在餐廳用餐的服務。我不做精緻高級，我要親密舒適。你知道那些雜誌上教你”宴客entertaining”的文章，上面有一長串如何使賓客驚艷的清單？這一章的內容正好完全相反。

我的宴客菜，並非完全收錄在這裡：放輕鬆一鍋燉（Breathe）那一章也有一些，嚐點甜（Sweet）那一章當然涵蓋了甜點部分。但在這裡，你會找到我送上沙發、搭配飲料用手拿著吃的小菜，以及那些我用來款待朋友、想要賓主盡歡的午餐、晚餐或低調宴客的選擇。

飲料的部分：我通常就只提供義大利氣泡酒（Prosecco）、啤酒、紅酒、白酒和大量飲用水。有時候，如果能直接從玻璃壺（jar）倒出飲料來，會比較省事。這樣的話，我會建議3種雞尾酒：第一種是風味新鮮刺激的葡萄柚飲料，只要混合1瓶750ml的麝香葡萄（蜜思嘉Muscat）品種香甜粉紅氣泡酒（最好，或其他甜味氣泡葡萄酒）和1杯（250ml）的現榨白葡萄柚汁（約需2顆葡萄柚）。

第二種是酒精濃度高的柯夢波丹 Cosmopolitan Cup，混合 1 瓶750ml 義大利氣泡酒（Prosecco，或其他不甜的氣泡酒）和 2 杯（500ml）罐裝蔓越莓果汁、¼ 杯（4 大匙）的伏特加，和 1 － 2 大匙的現榨綠檸檬汁（適量），約 ½-1 顆綠檸檬。第三種雞尾酒是清酒丁尼 Saketini，像伏特加的馬丁尼作法一樣，但是用日本清酒來代替苦艾酒，2 份的伏特加對上 1 份的日本清酒，在搖酒杯裡加入大量冰塊搖晃後倒出。我承認最後這一款雞尾酒，不是我承諾的大玻璃壺直接倒出來的雞尾酒（pitcher-cocktail），但風味絕佳，不想遺漏。若能找到某人，專門為客人搖出清酒丁尼當然更好。反正，我通常都會找個人，專門負責飲料部門。

這一章裡的食譜－其實包括本書的所有食譜－都只是我曾為朋友做過的食物紀錄，是我在新家和新生活安頓下來的見證。下一章放輕鬆一鍋燉（Breathe）裡的菜色，也與此相得益彰，很樂意和你一起分享。

Caramelized garlic hummus
焦糖大蒜鷹嘴豆泥

雖然我不介意冰箱裡有罐鷹嘴豆泥，供大家隨時突擊冰箱來充飢，但若要宴客時，我會加工一下。我發現就算自己動手做，也不會太難，而且更令人滿意。通常我會用慢燉鍋來自行烹煮鷹嘴豆（不用浸泡）（**見211頁**），有時還會冷凍保存（見下一頁的冷凍須知）；此外，櫥櫃裡也備有煮熟的西班牙鷹嘴豆。我有焦糖化大蒜強迫症，看到大蒜，就忍不住想用鋁箔紙包起來，送入烤箱烤到香甜柔軟。放入冰箱（以密閉容器或用鋁箔紙包起來），可保存一周，隨時可擠入烤馬鈴薯、濃湯、燉菜、優格等。若不想共襄盛舉，我在下一頁也有詳細的說明。但你要知道，我是不會特別為了烤大蒜開烤箱的。我只是在剛好烘烤別的東西的時候，順手放入。所以，你可看到**第197頁**的香料燉羊肉（Spiced Lamb Stew），我就用170℃ /gas mark 3 烤2小時，做出像下一頁的爐烤大蒜，因為那時正好就在烤這個。

至於鷹嘴豆，我特別希望是用自己煮熟或玻璃罐裝的，因為比罐頭裝的（做出來的鷹嘴豆泥口感不佳）好太多了。雖然罐頭鷹嘴豆比較便宜，但我寧願選最便宜的（也就是自己烹煮乾燥豆子），或最貴的（玻璃罐裝的西班牙鷹嘴豆），而不取中庸之道，因為它一無可取。即使如此，你堅持的話，還是可以用2罐各400g的鷹嘴豆罐頭。圖片裡在鷹嘴豆泥旁邊、撒滿種籽的酥脆麵包片，做法十分簡單。從中東商店買回全麥扁平麵包後，切開，倒入一些橄欖油，撒上芝麻，放在烤架上以220℃ /gas mark 7 烘烤5分鐘，等到不燙手時再用雙手撕碎。這種麵包質地較柔軟，因此不適合用來蘸鷹嘴豆泥，最好將鷹嘴豆泥舀在麵包片上，真的很美味。不然的話，麵包棍（grissini）、撕成小塊的烘烤皮塔餅（pitta），或是烤麵包塊，都能當做這道蘸醬的完美搭配。

足夠當作蘸醬用來搭配飲料的 8 人份

大蒜 1 大顆，整顆不剝皮

自己煮熟，或玻璃罐、或罐裝瀝乾的鷹嘴豆 500g

磨碎的無蠟黃檸檬果皮和果汁 1 顆

芝麻醬（tahini）4 大匙 ×15ml

特級初搾橄欖油 4 大匙 ×15ml，外加更多用來澆淋的量

冷水 4 大匙 ×15ml

粗海鹽 1 小匙或適量

足量現磨白胡椒粉

- 將烤箱預熱到 220℃ /gas mark 7。將大蒜的頂端切除（剛好露出蒜瓣即可），放在鋁箔紙上，包起來封緊開口但需確保鋁箔紙袋中仍有許多空間。放在小鋁箔紙盒（或類似容器）上，以烤箱烤 45 分鐘。留在鋁箔紙袋中自然冷卻。
- 將鷹嘴豆瀝乾洗淨（使用罐頭或玻璃罐版本的話），倒入食物料理機內。
- 加入磨碎的黃檸檬果皮和果汁，擠入爐烤大蒜泥。
- 舀入芝麻醬和 4 大匙的橄欖油，打碎成質地滑順的泥狀。
- 倒入足夠（或全部的）冷水，調整濃度，一邊倒入一邊打碎，再加入鹽和胡椒，檢查調味。盛入碗裡，想要的話，再澆上一些橄欖油。

MAKE AHEAD NOTE 事先準備須知	STORE NOTE 保存須知	FREEZE NOTE 冷凍須知
可以在 2 天前做好，覆蓋冷藏。如果使用冷凍、解凍的鷹嘴豆泥，最好在製作後 24 小時內吃完。	完成的鷹嘴豆泥應盡快冷卻、冷藏，並在 2 天內享用完畢。	冷卻後的鷹嘴豆泥可放入密閉容器或冷凍袋內，冷凍保存 3 個月。放入冰箱隔夜解凍。

Miso mayonnaise
味噌美乃滋

我永遠感謝 Yotam Ottolenghi 給了我他媽媽的美乃滋食譜，裡面用的是 1 顆全蛋，而非只用蛋黃－先母絕不會贊成的。最近在紐約，嚐到一道以木板上菜的黑與藍牛排 black-and-blue steak（餐廳在文青聚集的區域），搭配了味噌美乃滋，我覺得要是蛋的味道不那麼濃，味噌的風味會更好。我真的很喜歡味噌，所以這是我的版本，雖然新鮮芫荽增加了一絲刺激風味，和味噌之間卻能夠搭配，也增添了一絲葉片的新鮮氣息。

若想要爐烤一些甘薯塊來搭配，我不會擋著你，但我只喜歡用一些爽脆芳香的球莖茴香與香甜爽口的甜豆莢，來蘸著吃。

足夠當作蘸醬用來搭配飲料的 6 – 8 人份

雞蛋 1顆

葵花油 375ml

蘋果酒醋或白酒醋 2大匙 ×15ml

甜味白味噌 3大匙 ×15ml

芫荽葉1大把

- 將雞蛋打入食物料理機的小碗內（現在食物料理機通常都附有一個可以卡在大碗上的小碗）。（如果沒有食物料理機，可以用碗和手持式攪拌棒，或用碗和打蛋器－當我還小，必須要站在椅子上才搆得到工作檯時，我媽就是這樣教我的）。
- 趁著馬達還在運轉，緩緩加入油，再緩緩倒入醋。這時你眼前應該有濃郁淡色的美乃滋。
- 取下蓋子，刮下碗邊的美乃滋，加入味噌和芫荽，加蓋，啓動馬達，直到莞荽葉被切碎。取下蓋子，刮下邊緣殘餘的整片葉子，使用跳打鍵（Pulse 鍵）一兩次，將美乃滋全部刮入一個碗裡，搭配自選配料上菜。

STORE NOTE 保存須知
從製作日起算，美乃滋可在冰箱冷藏保存4天。移到容器內，盡快覆蓋冷藏（不要離開冰箱超過2小時）。

Note 注意：**因為這道食譜含有未煮熟的蛋，所以不應供應給虛弱或免疫系統不佳的人享用，如孕婦、小孩或老人。**

Sweet potato and chickpea dip

甘薯和鷹嘴豆蘸醬

去年，我第一次做感恩節晚餐，這對我意義重大，也帶給我極大的愉悅，這道食譜就是大餐開動前，和飲料一起端上來的待客小點。我愛它那收穫季節的色彩、香甜的大地氣息，最後撒上如珠寶般的石榴籽，簡單而璀璨。

我有兩個烹飪技巧，在這道菜色正好派上用場：將整顆的甘薯和大蒜先行爐烤。事先將一批甘薯烤好以備事後運用，會使你的生活輕鬆一點，而且遇到正式場合時更好用。但我也要提醒你，雖然這道菜在感恩節時第一次亮相，不表示你應如此設限。它在接下來的一整年，都不斷地激起我內心的感恩之情。感謝的心情，不就是快樂的指標之一嗎？

用來搭配飲料當作蘸醬的 10 – 12 人份

甘薯 750g

大蒜 1 整顆，不去皮

綠檸檬 2 顆，最好是無蠟的

煙燻粗海鹽（一般的粗海鹽也行）2 小匙（或適量）

匈牙利紅椒粉（pimentón dulce or paprika）½ 小匙

煮熟瀝乾的鷹嘴豆 225g（自己煮或玻璃罐裝），或使用鷹嘴豆罐頭，瀝乾

生薑 1 塊 4 公分（20g），去皮磨薑泥

石榴籽 2 大匙 ×15ml

- 將烤箱設定到220℃ /gas mark 7，在甘薯上刺幾個洞，放在烤盤上，烘烤 1 小時左右（視尺寸而定）。內部的甘薯肉應十分柔軟，外皮會部分上色，蜜汁也會流出，這就很美。
- 甘薯送進烤箱後，立即將大蒜的頂端切除，露出一點蒜瓣即可，用鋁箔紙包覆起來，封緊開口但內部留足夠空間，將大蒜鋁箔紙袋和甘薯一起烘烤。45 分鐘應已足夠，但我會等到甘薯烤好的 1 小時後再一起取出。
- 讓柔軟的甘薯和大蒜自然冷卻；這可以事前準備（見下方的事先準備須知）。
- 準備製作蘸醬時，小心地將甘薯的皮去除，舀出內部橘色的甘薯肉，燒焦部分捨棄不用。倒入碗裡，擠入柔軟的焦糖化蒜泥。
- 加入 2 顆磨碎的綠檸檬果皮，和 1 顆果汁、煙燻海鹽、匈牙利紅椒粉、鷹嘴豆和薑泥，然後用手持式攪拌棒（或食物料理機）打碎成蘸醬。
- 檢查調味和酸度 – 也許要再加點綠檸檬汁 – 上菜前，撒上石榴籽，增加美觀。我無法抗拒在旁邊放上秋季色彩的蔬菜脆片，但我實際上搭配的是金黃色的玉米脆片（corn chips）和麵包塊（crudites），因為它們的質地較硬，適合用來蘸著吃。

MAKE AHEAD NOTE 事先準備須知	STORE NOTE 保存須知
甘薯和大蒜可在3天前做好，用鋁箔紙包好，或放入容器內覆蓋冷藏。	吃不完的蘸醬，可放入容器內覆蓋冷藏2天。

A simple salsa
簡單的莎莎蘸醬

就我個人來說，一碟簡單的香辣莎莎蘸醬與一碗玉米脆片，就是美味的保證。我承認，這是有點辣－想要口味溫和一點的話，可將辣椒去籽－但我就是想要辣。我喜歡用它來搭配**第390頁**的烘烤嫩蛋馬鈴薯（Oven-Baked Egg Hash），但我相信，你一定能找到其他許多足以搭配的食物。我覺得為了表示對這道莎莎蘸醬的尊重，你應該端上一些真正的玉米片（corn tortilla chips）。如果買得到藍色玉米片（blue corn chips）最好，否則一般原味的黃色玉米片也很棒，但請別選擇一些新奇的口味。

搭配飲料當作蘸醬的 6 － 8 人份

烹調用橄欖油 1–2大匙 ×15ml

紅洋蔥 1小顆，去皮切碎

大蒜 2大瓣，去皮磨碎或切末

小茴香籽（cumin seeds）1小匙

粗海鹽 1小匙

新鮮哈拉皮紐辣椒（jalapeño peppers）3根，切碎不去籽

切碎的上等番茄罐頭 2罐 ×400g

- 取一個中等、底部厚實的平底深鍋，加入油，以中火加熱紅洋蔥約5分鐘（視鍋子大小而定），不時翻炒，直到變軟但未上色，需要的話，再多加點油。加入大蒜，攪拌一下，再加入小茴香籽、鹽和哈拉皮紐辣椒。
- 將火轉大一點，繼續翻炒1分鐘，不要燒焦，倒入切碎的番茄罐頭，攪拌混合，加熱至沸騰時轉成小火煮15分鐘，使醬汁變得濃稠。
- 檢查調味，倒入碗裡冷卻，搭配自選的玉米脆片上菜。

STORE NOTE 保存須知	FREEZE NOTE 冷凍須知
剩菜冷卻後，在製作完成的2小時內覆蓋冷藏，可保存3天。以平底深鍋用小火重新加熱，不時攪拌，直到沸騰。需要的話，加入額外的水。	冷卻後的莎莎蘸醬可放入密閉容器內，冷凍保存3個月。放入冰箱隔夜解凍，在2天內食用完畢。

Brazilian cheese bread
巴西起司球

我有一個很棒的巴西朋友 Helio，不只本書，在其他地方也提到過他，多年來一直供應著我巴西起司球 pão de quiejo。直到我去了巴西，才發現這是多重要的國家認同標誌。每次踏進一個巴西人的家，主人就會送上這一碗熱騰騰的起司球，用最可愛的姿態，向我勸食。我試過不少食譜，這個版本應該是在巴西國境之外，我所能獻上最好的版本，Helio 也點頭贊同（對了，是他建議我用市售磨碎的帕瑪善起司）。現在換我向踏進家門的好友推銷這個點心。我建議你向巴西人一樣，先把麵糊做好、塑形成小球，然後冷凍保存，這樣隨時都能端上一碗熱騰騰的小麵包。雖然，我並非一直都那麼有計畫。

說明食譜前，我必須先告訴你，它們到底是什麼，因為起司球這個詞，不能傳達它獨特的柔軟咬勁。吃第一次的時候，你可能覺得不怎麼樣；第二次就會慢慢上癮，我某位朋友說，這就是”再來一口 more-ish”的定義。它們有點像帶有起司香味的泡芙 choux buns，但表面多了一點紙一般的口感；內部又更柔軟。對著燈光，看起來很像高爾夫球。我知道以上這些解釋，聽起來都不特別吸引人，但是對我和曾經吃過的人來說，真是欲罷不能。

這是由木薯粉（manioc）製成的（有時稱為 cassava flour or yucca starch），但你也可以用木薯澱粉（tapioca starch），這名字在網路上買得到，就我了解，是一樣的東西。或者，你也可以去巴西商店（或亞洲、中東商店等）找 manioc 或 tapioca flour。

另外值得一提的是，木薯澱粉是不含麥麩的（gluten-free）。

可做出約 50 個小球

木薯澱粉（tapioca starch）300g（見前言）	葵花油 125ml
細海鹽 1 小匙	大型雞蛋 2顆，打散
全脂鮮奶 250ml	市售磨碎的帕瑪善起司 100g

- 將烤箱預熱到220℃／gas mark 7。將2個大烤盤鋪上烘焙紙，或使用1個烤盤分批烘烤。
- 在直立式攪拌機內，使用槳狀攪拌棒（或使用碗和手持式電動攪拌器），混合木薯澱粉和鹽。
- 在平底深鍋內，以小火加熱鮮奶和油，一開始沸騰，便立即離火。立即倒入木薯澱粉中，打開馬達（一開始不要太快）攪打成具黏性的麵糊。
- 繼續攪打至少5分鐘（在加入雞蛋前使它冷卻），刮下，用手指檢查是否燙手。目標是冷卻到接近體溫，所以約需10分鐘的攪打時間。
- 溫度差不多後，緩緩加入蛋液攪打，一次約1大匙左右，確認蛋液完全融入後，再加入下1大匙。
- 最後，仍保持攪打狀態，並分2次加入磨碎的帕瑪善起司，繼續攪打到充分混合。
- 將1小匙左右的球狀麵糊，舀到鋪好的烤盤上，或使用一個烤盤分批烘烤（尚未用到的麵糊要先放入冰箱冷藏）。我用的是圓形量匙（rounded measuring spoon），需要的話，每舀幾匙麵糊就將量匙浸入水裡，這樣麵糊會比較容易從量匙上脫離。
- 送進烤箱，立即將溫度降成 190℃／gas mark 5，烘烤12－15分鐘，直到膨脹轉成金黃色。冷卻一下再上菜。

MAKE AHEAD NOTE 事先準備須知	FREEZE NOTE 冷凍須知
麵糊可在1天前製作，覆蓋冷藏到要用時再取出。	麵糊可用量匙，舀到鋪了烘焙紙的烤盤上，再進行冷凍。一但定型後，移到冷凍袋或密閉容器內，可冷凍保存3個月。之後可直接依照上方的食譜進行烘烤。

Chicken crackling
酥脆雞皮

偉大的 Simon Hopkinson，Roast Chicken and Other Stories 一書的作者－非常貼切的－送給我一包脆雞皮當禮物，我因此纏著他要食譜。我比較沒耐心，用較高的爐溫並縮短時間烘烤，希望他不會太介意。

一般的肉販，常常幫顧客去掉雞皮，所以要向他們買雞皮應該不會太困難，也不會太貴；如果你買些別的東西，大概還會順便送你。當你把生雞皮攤在烤架上時，也許有一點人魔漢尼拔（Hannibal Lecter）的味道，但相信我，完成的作品一點都不可怕，只有美味。

搭配飲料的 **4－6 人份**

雞皮 250g
細海鹽 ¼ 小匙
卡宴紅椒粉（cayenne pepper）¼ 小匙
油，塗抹用

- 將烤箱預熱到 180°C /gas mark 4。
- 取一個可放在烤盤上的大型網架（wire rack），放上雞皮，但不要有任何重疊。
- 撒上鹽和卡宴紅椒粉，送入烤箱烤 30 分鐘。雞皮應變得酥脆並呈金黃色，注意不要燒焦。
- 從烤箱取出，小心將雞皮從烤架上取下－用金屬刮鏟幫忙－靜置冷卻。
- 冷卻後撕成入口大小，搭配飲料上菜。

MAKE AHEAD NOTE 事先準備須知

雞皮可在 1 小時前做好，靜置於室溫。應在製作後的 2 小時內享用完畢。

Sake-sticky drumsticks

香黏清酒棒棒腿

我一直偏愛能直接用雙手進食的食物，無論是配酒、正餐，或從冰箱拿了就吃。但不管你選擇如何享用這道菜，請記得一定要準備大量紙巾。

請務必考慮製作**第115頁**的味噌美乃滋（Miso Mayonnaise）來搭配，但我個人則是只擠上一些綠檸檬汁就很開心了。我知道有些人，不敢把宴會食物做得太辣（我不是其中之一），讓我向你保證，就算不加辣椒片，它的香黏美味也一樣不打折扣。

我發現用量杯來製作醃汁比較簡單，而且使整個過程更為活潑生動。

可做出 20 隻雞腿

日本清酒 ½ 杯（125ml）

魚露 ¼ 杯（4×15ml 大匙

醬油 ¼ 杯（4×15ml 大匙）

葵花油 ¼ 杯（4×15ml 大匙）

麻油 1 小匙

乾燥辣椒片 1 小匙

帶皮棒棒腿 20隻

流質蜂蜜 2大匙 ×15ml

- 在一個量杯（a measuring jug）中，混合清酒、魚露、醬油、葵花油、麻油和辣椒片。將棒棒腿放入一個大型冷凍袋中。倒入量杯中的所有液體，封口，放入烤皿中（以防漏溢），置於陰涼處，醃入味40分鐘（或放入冰箱，最久可醃1天）。
- 準備烹調時，將烤箱預熱到200℃ /gas mark 6。將一個大型烤盤（我用的是46×34cm，高1.5cm）鋪上鋁箔紙。取出棒棒腿放上，小心不要從袋裡漏出珍貴的醃汁。若從冰箱取出，要先回復室溫。倒出1杯（125ml）醃汁備用，剩下的一點點澆在棒棒腿上。用烤箱烘烤45分鐘。
- 同時，將預留的醃汁倒入小型平底深鍋內，加入蜂蜜，加熱到沸騰，煮到形成香黏的蜜汁。約需5－7分鐘。
- 45分鐘過後，檢查棒棒腿是否熟透，小心地將烤盤內的雞汁倒入蜂蜜蜜汁內。攪拌混合再澆到棒棒腿上。再度送入烤箱烤10分鐘。取出，將盤內蜜汁舀起澆淋在棒棒腿上，續烤10分鐘。
- 從烤箱取出，再度在棒棒腿上澆淋盤底殘餘的蜜汁。讓棒棒腿靜置冷卻到不燙手，即可大快朵頤。

MAKE AHEAD NOTE 事先準備須知	STORE NOTE 保存須知	FREEZE NOTE 冷凍須知
棒棒腿可在1天前先醃。醃好的棒棒腿也可冷凍保存3個月（但棒棒腿不能是事先冷凍過的）。烹調前，放入冰箱隔夜解凍。	冷卻的剩菜，要在製作完成的2小時內覆蓋冷藏，可保存3天。	冷卻的剩菜，可放入密閉容器，冷凍保存1個月。放入冰箱隔夜解凍再使用。

Lamb ribs with nigella and cumin seeds
羊肋排和奈潔拉籽與小茴香籽

停下手邊的工作：我有重要的消息宣布。在英國幾乎不為人知的羊肋排（Lamb ribs），是最美味的羊肉料理之一，而且最經濟實惠。我期待羊肋排在英國能更普及，（但不要隨之而來的漲價），但在那天到來之前，你得去肉販那裡特別訂購。

巧合的是，在美國它叫做 『丹佛羊肋排 Denver ribs』，因為丹佛是美國羊肉的最大產地。你可以說，即使在那裡，羊肋排的美味也不是那麼廣為人知。我覺得，現在正是讓世人了解它美味的時候，而我絕對願意來傳播這個福音。

當我還在念大學時，曾經以每塊25便士（pence）的代價購買羊胸肉（也就是羊肋排的來源，學生畢竟預算有限）。我會整塊用香料加以慢燉（braise），在當時，大家還覺得我做的是很古怪的事。羊胸肉和羊肋排，現在是貴一些了，但仍是很划算的。而它的口味一點都不廉價，吃過的人都說，這是他們嚐過最棒的肋排。

我喜歡嚐到羊肉的原味，所以在送入烤箱前，不要沾裹上太多的醃汁，只要一點味道即可。你可能覺得加油是多餘了，但它可將香料固定在肋排上，也使肋排更酥脆，而且最後的脂肪，都會滴入烤盤裡。即使如此，這個羊肋排是屬於多脂部位沒錯，對我們喜歡這種風味和香黏口感的人來說，這是一項福利而非預警。如果你纖弱的身軀負荷不了，那就太可惜了。

6 – 10 人份，視角色而定，當作餐前小點或是主餐

奈潔拉籽（nigella seeds）4小匙

小茴香籽（cumin seeds）4 小匙

烹調用橄欖油 4 小匙

醬油 ¼ 杯（4大匙 ×15ml）

大蒜 4瓣，去皮磨碎或切末

帶骨羊肋排（lamb ribs）24根 ，從3塊羊胸肉（lamb breasts）切出

- 將烤箱預熱到150°C /gas mark 2。在大型烤盤上鋪鋁箔紙，架上一個烤架（rack）。如果烤盤不夠大（我用的尺寸是45×38cm），可使用兩個烤盤，只是在烘烤時間過了一半時要交換位置，並準備將總烘烤時間延長10 – 15分鐘。
- 取出一個烤皿，加入奈傑拉籽和小茴香籽，倒入油和醬油，加入大蒜，攪拌混合。
- 一次一根，將羊肋排浸入醃汁中，使雙面都均勻、淺淺地沾裹上；你可能以為這個醃汁不夠覆蓋所有的羊肋排，但其實是剛剛好的，我們不要羊肋排溼答答的，而是輕微上色並蘸上種籽。
- 將羊肋排擺放在烤盤上的烤架上，送入烤箱，烘烤1½ – 2小時（視尺寸而定），直到羊肋排上的脂肪變得酥脆、肉變軟。
- 在溫熱過的大盤子，擺放上烤好的羊肋排，並一併送上大量的紙巾。

STORE NOTE 保存須知	FREEZE NOTE 冷凍須知
剩下的羊肋排冷卻後，在製作完成的2小時內覆蓋冷藏。可保存3天。	冷卻後的剩菜可放入密閉容器，可冷凍保存1個月。放入冰箱隔夜解凍再使用。

Butternut and halloumi burgers
奶油南瓜和哈魯米起司漢堡

雖然這不是真的漢堡，但以這樣的方式來吃一片爐烤南瓜，倒是很有吃肉的感覺；香鹹的哈魯米起司，在烤箱裡融化，完美地襯托出南瓜的飽滿香甜。奶油南瓜和一般南瓜一樣，在料理前很難知道，買到的是香甜多汁或乾澀無味的版本。但我發現香甜的 Coquina 品種的奶油南瓜似乎有一定的品質，它的形狀（長條狀、膨脹成圓形的種籽部位），也很適合這道食譜。就算買不到這個品種，也請挑選一個長頸狀的，因為你需要這個部位來做出『漢堡肉』。剩下的奶油南瓜，可輕易地做出蔬菜大盤烤（Tray of Roast Veg，**見237頁**）。

對我來說，這是一年到頭都可享用的完美周六午餐，或是晴朗的夏日晚餐－搭配冰涼的啤酒和粉紅酒。臨時要招待朋友時，這道食譜快速而簡單，能在短時間內完成。

可做出6－8個漢堡，看你能從奶油南瓜切出幾個圓片

奶油南瓜（butternut squash）1顆

烹調用橄欖油 1大匙 ×15ml

乾燥奧瑞岡（oregano）1小匙

哈魯米起司（halloumi cheese）1塊 ×225g

皮塔餅（pitta breads）4片

TO SERVE 上菜用：

自選沙拉葉

大型番茄 2顆，切薄片

- 將烤箱預熱到200°C／gas mark 6。將奶油南瓜的長條端，切成1.5公分左右的圓片。如果你的南瓜是一般尺寸，在碰到種籽處之前，約可切出6-8片。將油倒入大型的淺烤盤，放上南瓜片。撒上一半的奧瑞岡，翻面，再撒上剩下的奧瑞岡。
- 送入烤箱，烤20-30分鐘，直到變軟，邊緣上色。將哈魯米起司切成2塊方形，站直，再各切成3－4片（視南瓜片的數量而定）。每片南瓜放上一片起司。
- 送入烤箱，續烤10分鐘，使南瓜上的起司融化變軟－請記得哈魯米起司的融化程度不高。
- 當南瓜和哈魯米起司快烘烤好時，將皮塔餅切成兩半，送入烤箱快速溫熱一下。
- 將皮塔餅的開口弄大一些，放入一些沙拉葉和1片裝滿起司的南瓜片，再加上一片厚厚的番茄，立即享用。

Fish tacos
墨西哥烤魚口袋餅

在飲食上，我是很兼容並蓄的：當我不特別想要一碗搞定，上一口和下一口味道相同的食物時，我喜歡準備一桌充滿各式餐點和調味的食物，讓大家自行組合。我覺得，這絕對是和好友共聚用餐最輕鬆的方式。這些烤魚口袋餅就是如此（也請參**見157頁**烤箱版本的雞肉沙威瑪 Oven-Cooked Chicken Shawarma）。請放心，實際的準備工作，比你想像的輕鬆。首先，口袋餅裡的魚是用爐烤的（而非傳統的油煎）；快速醃洋蔥，只是將洋蔥切成半月形後，再用綠檸檬汁醃起來；玉米甜酸醬，基本上只是罐頭（我不會感到羞赧的）；香辣醬汁只是將韓國辣椒醬（Korean gochujang）和市售美乃滋混合。是的，我知道這裡有一點文化混雜的情形發生，但如果你買了韓國辣椒醬，來做慢煮韓式牛肉粥（Slow-cooker Korean Beef and Rice Pot，**見218頁**，強力推薦），那麼你也會希望有其他的方式來消化。就算直接使用喜歡的市售辣醬也無妨，如果想自己動手做，請你一定要試試辣椒、薑和大蒜醬汁（Chilli, Ginger and Garlic Sauce，**見254頁**），我幾乎用這個來搭配所有的東西。

當作主菜的 4 – 6 人份

快速醃洋蔥：

紅洋蔥 1小顆

綠檸檬汁 2顆

辣醬：

美乃滋 ½ 杯（125g）

韓國辣椒醬（gochujang paste）或其他辣醬 2小匙

玉米甜酸醬：

罐頭玉米 1罐198g，瀝乾

新鮮紅辣椒 1根

切碎的芫荽 3大匙 ×15ml

鹽，適量

烤魚口袋餅：

肉質結實的去皮白肉魚片（如無鬚鱈 hake 或黑線鱈 haddock）4片（共約750 – 900g），從較寬的魚胸部位切下

小茴香籽粉（ground cumin）1小匙

匈牙利紅椒粉（paprika）½ 小匙

粗海鹽 1小匙

大蒜 1瓣，去皮磨碎或切末

烹調用橄欖油 2大匙 ×15ml

柔軟墨西哥玉米餅（corn tortillas）8片

酪梨配料：

成熟酪梨 2顆

綠檸檬汁 1顆

TO SERVE 上菜用：

自選沙拉葉

切碎的新鮮芫荽 1–2大匙 ×15ml

綠檸檬 2顆，切成角狀

- 將烤箱預熱到220℃/gas mark 7，準備烤魚。先開始準備口袋餅的配料。將紅洋蔥去皮切半，再切成半月形的洋蔥絲，放入碗裡，注入綠檸檬汁淹沒。用叉子攪拌混合。這個步驟若能在事前準備更好（1天以內），但即使只醃20分鐘也行。
- 製作辣醬：將美乃滋和韓國辣椒醬在小碗裡混合，備用。
- 製作玉米甜酸醬：將罐頭玉米倒入碗裡。辣椒切末（不想太辣可去籽）後加入。再加入切碎的芫荽和適量的鹽。攪拌混合，備用。
- 魚片縱切成兩半（成為長條狀），擺放在淺烤盤上。混合小茴香籽粉、紅椒粉和鹽，撒在魚片上。
- 在小碗裡混合大蒜和油，澆在魚片上，送入烤箱，烤8－10分鐘（視魚片厚度而定）。檢查魚片是否完全烤熟，再從烤箱取出。
- 將魚片從烤箱取出後（不要等到烤箱變冷），利用餘溫，快速溫熱一下玉米餅。同時將酪梨去皮去核切片，擠上綠檸檬汁，準備和其他配料一起上菜。
- 將魚片在盤子上擺好（想要的話，可先鋪上沙拉葉），撒上切碎的新鮮芫荽，和溫熱好的玉米餅一起端上餐桌。如果不想在魚肉盤加上沙拉葉，也可另外放上一碗撕碎的萵苣（iceberg）或其他爽脆的沙拉葉。
- 端上瀝乾的紅洋蔥、玉米甜酸醬、辣醬和酪梨片，讓大家自行組合玉米餅。一盤綠檸檬角和大量紙巾也是不錯的主意。

MAKE AHEAD NOTE 事先準備須知

醃洋蔥、辣醬和玉米甜酸醬（不加芫荽），可在1天前先做好。覆蓋冷藏到需要時再取出。上菜前，再將切碎的芫荽加入玉米甜酸醬中拌勻。

Greek squid and orzo
希臘烏賊和米麵

這道烘烤烏賊米麵裡的八角風味，十分溫和，即使是那些誓死不吃茴香(fennel)的人也能接受，令他們大感驚訝，可見這道料理的成功。做法也超級簡單，只要切一切、拌一拌，然後用烤箱烤一烤，直到烏賊軟嫩到用湯匙就能切斷。

Alex Andreou，謝謝你教我怎麼做這道菜、與**第49頁**的番茄滑蛋(Strapatsada)以及**第318頁**的老抹布派(Old Rag Pie)。我感覺這本書表現出不少希臘廚藝，我很感恩，因為學習新菜色，並且知道這會變成你的常備菜色，是烹飪的最大喜悅之一。

當作主菜的 **4 – 6 人份**

長型紅蔥(banana shallots) 2顆或紅洋蔥1小顆

球莖茴香(bulb fennel) ½ 顆

大蒜 2瓣

特級初榨橄欖油 ¼ 杯(4大匙 ×15ml)，外加稍後要用的量

烏賊 600g(清理後的重量)

米麵(orzo pasta) 300g

切碎的番茄 1罐 ×400g

濃縮番茄泥(tomato purée) 1大匙 ×15ml

烏佐酒(ouzo) 2大匙 ×15ml

新鮮蒔蘿(dill) 1大把(約100g)

剛煮滾的熱水 250ml

鹽和胡椒，適量

Greek squid and orzo

希臘烏賊和米麵

這道烘烤烏賊米麵裡的八角風味，十分溫和，即使是那些誓死不吃茴香（fennel）的人也能接受，令他們大感驚訝，可見這道料理的成功。做法也超級簡單，只要切一切、拌一拌，然後用烤箱烤一烤，直到烏賊軟嫩到用湯匙就能切斷。

Alex Andreou，謝謝你教我怎麼做這道菜、與**第49頁**的番茄滑蛋（Strapatsada）以及**第318頁**的老抹布派（Old Rag Pie）。我感覺這本書表現出不少希臘廚藝，我很感恩，因為學習新菜色，並且知道這會變成你的常備菜色，是烹飪的最大喜悅之一。

當作主菜的 **4 – 6 人份**

長型紅蔥（banana shallots）2顆或紅洋蔥1小顆

球莖茴香（bulb fennel）½ 顆

大蒜 2瓣

特級初榨橄欖油 ¼ 杯（4大匙 ×15ml），外加稍後要用的量

烏賊 600g（清理後的重量）

米麵（orzo pasta）300g

切碎的番茄 1罐 ×400g

濃縮番茄泥（tomato purée）1大匙 ×15ml

烏佐酒（ouzo）2大匙 ×15ml

新鮮蒔蘿（dill）1大把（約100g）

剛煮滾的熱水 250ml

鹽和胡椒，適量

- 將烤箱預熱到 160°C /gas mark 3。取出一個大型的鑄鐵鍋或平底鍋（附蓋），尺寸要能夠容納所有食材，並能在瓦斯爐上和烤箱裡使用。你在圖片裡看到的，是我慣用的鑄鐵鍋，直徑為 30cm。
- 將長型紅蔥（或小紅洋蔥）去皮切半，再切成半月形小塊。將球莖茴香去芯切塊（包括長管部位）。不要丟棄鬚葉部分。將大蒜用刀身壓扁後去皮。
- 在鍋裡倒入橄欖油，打開火源轉成小火，加入長型紅蔥（或洋蔥）、球莖茴香、大蒜和烏賊，煎炒約 10 分鐘，不時攪拌一下。烏賊和茴香會出水，所以有點接近燜煮（braising）。
- 加入米麵和切碎的番茄，攪拌混合。將濃縮番茄泥擠入番茄空罐中，裝滿冷水，攪拌一下，全部倒入鍋裡。現在倒入烏佐酒，再度攪拌混合。先別調味，將火開大一點，一旦沸騰便加蓋，將鍋子移到烤箱裡，烘烤 1 小時 20 分鐘。時間快到時，將蒔蘿切碎，並煮滾熱水。
- 等到時間到了，將鍋子從烤箱取出，打開蓋子。米麵應已吸收所有的液體，烏賊也變軟到能以木杓切開。加入熱水，充分攪拌混合，將鍋底的沾黏食材也刮下（這是滋味最好的部分）。加入適量的鹽和胡椒、大部分的蒔蘿碎，攪拌一下，將鍋子再度送回烤箱裡。不蓋蓋子，烘烤 10 分鐘。
- 從烤箱取出，撒上剩下的蒔蘿碎，搭配一道清爽的生菜沙拉即可。若想搭配現磨帕瑪善起司享用，我也不會阻止你，雖然義大利人有一個常規：海鮮義大利麵不加起司。希臘人倒是會磨上起司享用。

STORE NOTE 保存須知

冷卻後的剩菜，在製作完畢的 2 小時覆蓋冷藏，可保存 2 天。剩菜最好冷食上菜，擠上一點黃檸檬汁。

Chicken traybake with bitter orange and fennel

雞肉、苦橙與球莖茴香大盤烤

無法詳細說出我在新家的廚房裡，有多常做這道料理。我並不怕重複－覺得這還頗讓人安心的－只是真的做過許多次，多到已經數不清了。不管未來在哪裡、在什麼情況下做這道菜，它都會喚醒那份重新安頓的感覺，重新賦予我自安適中得到的力量。

每次搬進新家，總是要等到烤了一隻雞後，我才覺得有一種歸屬感（抱歉了，素食主義者，和全天下的雞隻們）。無論在冬季，賽維爾柳橙盛產時；或是夏季，享用柳橙加上黃檸檬來中和甜味，這道料理都會使廚房充滿溫和的八角柑橘香氣。為了不掩蓋柳橙的基本味道，我選擇不使用黃檸檬果皮。雖然我的基本原則是，捨棄黃檸檬果皮不用，是不可原諒的浪費行為，但在這裡例外，因為它的濃郁香氣會掩蓋掉原本的柳橙風味。

我通常會將雞肉醃上一天，如果沒有時間，醃1小時也好，但重點是要用新鮮好品質的雞肉（保持室溫，並置於陰涼處）。若能負擔有機放牧雞肉，請務必採用，因為它能提供濃郁的天然『肉汁gravy』，更不用說還有其他更好的理由能說服你。

最近採買的球莖茴香體型偏大，但香草氣息仍然濃郁，如果只買得到小型的，可用3顆，再切成4等份。至於配菜部分，視季節而定，我猜一堆馬鈴薯泥、或清蒸馬鈴薯，或一些剛燙好的甜豆莢，拌上奶油或蔬菜油，增加爽脆口感，絕對不會錯。

6人份

球莖茴香 2大顆（共約1公斤，少一點無所謂）

冷壓芥花油或特級初榨橄欖油 100ml，外加1大匙×15ml左右，用來烹調時澆在雞肉上

磨碎賽維爾柳橙果皮和果汁（Seville oranges）2顆（共約100ml的果汁），或1顆柳橙的磨碎果皮和果汁，以及1顆黃檸檬的果汁

粗海鹽 2小匙

茴香籽（fennel seeds）4小匙

第戎芥末醬（Dijon mustard）4小匙

雞大腿（chicken thighs）12隻（帶皮帶骨，最好是有機放牧的）

- 將球莖茴香的鬚葉部分切下，放入冷凍袋內，冷藏備用。我把球莖茴香的細管部分捨棄不用（自己吃掉了），但烤盤若夠大，就全部用吧。將球莖茴香切成4等份，再各縱切成3等份。留在砧板上備用，同時開始製作醃汁。
- 將一個大型冷凍袋套在寬口量杯（或類似容器）上，倒入油，加入柳橙果皮和果汁（和黃檸檬果汁，使用的話），舀入鹽、茴香籽和芥末。稍微攪拌混合。
- 取下袋子，撐好，加入四分之一的雞大腿，再加入四分之一的球莖茴香片，依照這樣的程序，裝入所有的材料。
- 將袋子密封，放入烤皿中，用手擠壓一下，使少量的醃汁（看起來不夠，但我保證一定足夠），盡量能淹浸到全部的雞肉。放入冰箱醃一整夜，或1天。
- 準備烹調時，將冷凍袋從冰箱取出，將裡面的雞肉、茴香片及醃汁等，全部倒入一個大型淺烤盤內（我用的是46×34cm，高1.5cm）。用廚房鉗或其他你喜歡的工具，將雞大腿擺在茴香片上，帶皮部分朝上。靜置30分鐘以回復室溫。同時將烤箱預熱到200℃ /gas mark 6。
- 在雞肉上澆一些金黃色的油，送入烤箱烤1小時。茴香片應已變軟，雞肉熟透上色。
- 將雞肉和茴香片擺放在上菜的大盤子上。將烤盤放在瓦斯爐上（如果烤盤不適用於瓦斯爐，便移到平底深鍋內），以中火將裡面的湯汁一邊攪拌，一邊加熱到沸騰濃縮，約需1½ – 2分鐘（使用平底深鍋約需5分鐘）。
- 在雞肉和茴香片上澆淋這濃縮的湯汁，撒上撕碎的預留茴香鬚葉。

MAKE AHEAD NOTE 事先準備須知	STORE NOTE 保存須知
雞大腿可在1天前先醃。冷藏保存到要用時再取出。	冷卻的剩菜，要在製作完成的2小時內覆蓋冷藏，可保存3天。

Roast chicken with lemon, rosemary, garlic and potatoes

烤雞和黃檸檬、迷迭香、大蒜和馬鈴薯

這道食譜帶我回到熟悉的領土：烤雞、黃檸檬、迷迭香和大蒜的香氣。對我來說，這彷彿包含了一切令人安心的特質。但是這個版本，如此生動飽滿，令人安心之餘，也能提振精神。這是好心情食物(goodmood food)，也是好心情烹飪(good-mood cooking)。儘可把所有材料丟入烤盤裡，讓它們快樂地烘烤。

6 人份

烹調用橄欖油 ¼ 杯（4大匙 ×15ml）

切碎的迷迭香葉 2小匙，外加上菜用的量

大蒜 1顆，分瓣不去皮

韭蔥 2根

蠟質馬鈴薯（如 Cyprus 品種）1公斤，必要的話洗淨，但不削皮

無蠟黃檸檬 2顆

中型全雞 1隻（約1.4kg），最好是有機放牧的

粗海鹽 適量

- 將烤箱預熱到220℃ /gas mark 7，取出你最大的烤盤，倒入所有的油（預留1小匙左右）。加入迷迭香和大蒜。
- 韭蔥修切後，縱切對半，切成半月形，也丟入烤箱。
- 將馬鈴薯切成1.5公分的厚片，再切成4等份，或直接切半（如果是小型馬鈴薯），一起丟入烤箱。
- 將黃檸檬切成4等份，再將每等分切半，盡可能將種籽取出，丟入烤盤。現在用雙手將全部材料混合，在中央撥出空位讓全雞坐鎮。
- 將全雞鬆綁，放入烤盤中，澆上預留的少量油，撒上粗海鹽（只落在雞肉表面）。送入烤箱，烘烤1小時10分鐘。用刀尖插入大腿和雞身相連處無血水流出，就代表烤熟了，將全雞移到砧板上（先讓雞腔內的肉汁流入烤盤內），再將烤盤連同馬鈴薯等送回烤箱，續烤10分鐘，直到柔軟呈金黃色。如果雞肉需要再烤久一點，就將整個烤盤留在烤箱裡，直到雞肉烤熟。
- 等到全部烤好，雞肉也靜置休息好了，將雞肉切片或分切成塊（切片的話，可供應更多人），若不想直接用烤盤來上菜（我自己從不介意），可將裡面的黃檸檬、大蒜、馬鈴薯，移到上菜的大盤子或烤皿裡，撒上1小匙左右的切碎迷迭香葉和適量的粗海鹽來調味。

STORE NOTE 保存須知	FREEZE NOTE 冷凍須知
剩下的雞肉可移到密閉容器內，在2小時內覆蓋冷藏。可在冰箱保存3天。	冷卻的熟雞肉，可移到密閉容器或冷凍袋內，冷凍保存2個月。放入冰箱隔夜解凍再使用。

Chicken Cosima

科希瑪雞肉

我一邊寫這道食譜，一邊不禁微笑，因為這正是我為女兒21歲生日所做的料理，當時搬進新家不久。事實上，我煮了很多，我用的鍋子那麼大，兩個小孩子都可以擠得進去，而且還能把蓋子蓋上。當然，這並不是說我有把小孩關進鍋子裡的習慣。

我為這個特殊的場合，創作出包含了女兒所有喜愛材料的料理。它的做法簡單，而且可以隨興調整。如果沒有要馬上上菜，可以用瓦斯爐或烤箱小火煨著，上菜時，只要舀到個人餐碗裡即可。我當時也做了**第208頁**的焗烤韭蔥義大利麵（The Leek Pasta Bake），供素食者享用，這兩道料理都很適合宴會場合，可輕易地調整分量。

6人份

麵粉 2½–3大匙 ×15ml

磨碎的芫荽籽 1小匙

小茴香籽粉（ground cumin）1小匙

薑黃（ground turmeric）½小匙

匈牙利紅椒粉（paprika）½小匙

粗海鹽 ½小匙

去皮無骨雞大腿（chicken thighs）6大塊，切成入口大小

冷壓椰子油或烹調用橄欖油 1大匙 ×15ml

洋蔥 1顆，去皮切碎

甘薯 500g，去皮切成2 – 3公分小塊

熱雞高湯 500ml

自己煮熟的鷹嘴豆 500g或1罐 ×660g鷹嘴豆，或2罐 ×400g的鷹嘴豆罐頭，瀝乾

切碎的新鮮芫荽，上菜用

- 將烤箱預熱到200°C /gas mark 6。
- 將麵粉、香料和鹽，倒入一個冷凍袋內，加入雞肉。將袋子搖晃一下，使雞肉均勻沾裹上香料麵粉。
- 用一個寬口鑄鐵鍋或平底鍋（附蓋）加熱油，將洋蔥煎炒到變軟但未上色。
- 將冷凍袋裡的雞肉和所有材料，倒入鍋裡，攪拌加熱約1分鐘，再加入去皮切塊的甘薯，攪拌一下。
- 倒入熱高湯，將鍋子加熱到沸騰，倒入瀝乾的鷹嘴豆。再攪拌一下，加蓋，送入烤箱烤25分鐘。
- 檢查雞肉是否熟透，甘薯夠軟，從烤箱取出後，靜置約10分鐘，不要打開蓋子。
- 舀入個人餐碗裡，撒上切碎的芫荽。

STORE NOTE 保存須知

剩下的雞肉移到容器內，在2小時內冷卻覆蓋冷藏。可保存3天。重新加熱時，倒入平底深鍋內，以小火加熱到完全沸騰。不時攪拌，需要的話，再加點水或雞高湯。

Tequila and lime chicken
龍舌蘭和綠檸檬雞肉

有人曾在推特對我說過，全天下的母雞，一定都是用我的名字，來恐嚇牠們不乖的小雞。我喜歡做很多雞肉料理是沒錯，但這可是我寫的食譜書呀，再怎麼多都不為過。

這道料理加入我家的菜單不久，但已經奠定了穩固的地位。龍舌蘭酒沒有什麼特殊的風味，至少說不出來，但它的確增加了一點火燒滋味－辣椒片更加以強化－而且使雞肉無比軟嫩。如果想增加份量，就考慮**第214頁**的古巴黑豆（Cuban Black Beans），或直接切一些甘薯塊，用冷壓椰子油和小茴香籽粉（cumin）來爐烤。當我想要吃得簡單一點時，一道生菜沙拉就夠了。或者，將一些酪梨壓碎，加一點鹽，撒上新鮮芫荽與一點乾燥辣椒片，再舀到盤子上，我就會很開心了。

當時的我，因為工作，待在洛杉磯的 Chateau Marmont，在煮這道菜的時候觸動了火警鈴，不知怎麼的，我覺得還真合適呀。

慷慨的 4 人份

中型全雞 1隻（約1.4kg），最好是有機放牧的，
分切成8大塊

龍舌蘭酒（tequila blanco）75ml

磨碎的綠檸檬果皮和果汁 2顆，最好是無蠟的

乾燥辣椒片 ½ 小匙，外加最後撒上的量

粗海鹽 2小匙

烹調用橄欖油 2大匙 ×15ml

TO SERVE 上菜用：

切碎的新鮮芫荽

綠檸檬角

- 首先，將分切好的雞塊放入冷凍袋內。
- 混合龍舌蘭酒、綠檸檬果皮、果汁、辣椒片、鹽和橄欖油，倒入冷凍袋內，和雞肉混合。密封或綁緊（先將空氣釋出），放在盤子或烤皿上，冷藏入味6小時或隔夜，或在2天以內。趕時間的話，放在陰涼處醃40分鐘也行。
- 將烤箱預熱到220℃ /gas mark 7。如果雞肉本來在冰箱裡，便先取出並將雞塊夾出來，預留醃汁。將雞塊放在小型淺烤盤裡，回復室溫30分鐘。請注意挑選適當大小的烤盤來放雞塊，不要有太多空隙，否則裡面的醃汁，在熱烤箱裡會很快蒸發。準備烘烤時，將一半的醃汁倒在雞塊上，送入烘烤25分鐘。
- 將雞肉從烤箱取出，倒上剩下的醃汁，續烤25–30分鐘。檢查是否完全熟透，再從烤箱取出。
- 將雞塊放在一個上菜的大盤子上。在烤盤內倒入一點滾水（使鍋底精華更易溶解），將烤盤裡的湯汁倒在雞塊上。撒上切碎的芫荽，和（想要的話）一些乾燥辣椒片，搭配綠檸檬角上菜。

MAKE AHEAD NOTE 事先準備須知	STORE NOTE 保存須知	FREEZE NOTE 冷凍須知
雞肉可在2天前醃好。放入冰箱冷藏，要用時再取出。	剩下的雞肉移到容器內，在2小時內冷卻覆蓋冷藏。可保存3天。	雞肉可和醃汁一起冷凍（條件是雞肉未事先經過冷凍），可保存3個月。使用前放入冰箱隔夜解凍。煮好冷卻後的雞肉可放入密閉容器或冷凍袋內，冷凍保存2個月。使用前放入冰箱隔夜解凍。

Chicken and wild rice

雞肉和野米

這道菜，或是類似的版本，我已經在這幾年做過好多次了，但直到最近為了寫這本書－在舊記事本上找到我潦草記下的食譜－才赫然發現這其實是我的新菜（烏賊和米麵）的另一個版本；兩者的料理方法幾乎完全相同。世上萬物都是彼此相連的 ...

當然，風味很不一樣，成品也完全不同。在甜－酸的蔓越莓，與閃著光澤造型的野米之中，香料的滋味更顯深沉圓潤，令人喜愛。有趣的是，當我第一次做這道菜餚時，事先毫無計畫，只是在冰箱和食物櫃裡搜尋食材，就開工了，事後才把料理過程寫下。我本來就是一個容易照著直覺走的人，不會先組織策略。這道料理也提醒著我：烹飪就像人生一樣，不冒險，也不會有報酬。

6 人份

烹調用橄欖油 2大匙 ×15ml	去皮去骨雞大腿（chicken thighs）8隻，各切成4小塊
洋蔥 1顆，去皮切碎	野米（wild rice）250g
大蒜 1瓣，去皮磨碎或切末	乾燥蔓越莓（dried cranberries）75g
薑黃（ground turmeric）1小匙	雞高湯 1 公升
芫荽籽（coriander seeds） 2小匙	鹽和胡椒 適量
小茴香籽（cumin seeds）2小匙	切碎的新鮮芫荽 1小把

- 將烤箱預熱到180℃ /gas mark 4。取一個寬口耐熱的附蓋鑄鐵鍋（剛好能容納所有材料），放在火爐上。加入油，以小－中火，煎炒洋蔥5 － 10分鐘直到變軟，中間攪拌一兩次。因為之後會加入薑黃，所以我建議你不要用木杓或木鏟（會易於染色）。
- 在鍋裡加入大蒜，再加入香料攪拌混合。
- 轉成大火，加入雞塊，邊加熱邊攪拌3分鐘封住肉汁（不致上色太多）。
- 加入野米，攪拌1分鐘，再加入蔓越莓和雞高湯，加熱到沸騰。加蓋，移到烤箱裡，烘烤1小時。
- 從烤箱取出，檢查野米是否煮熟－米粒應膨脹、開始破裂，但仍有咬勁－以鹽和胡椒調味。不蓋蓋子，送入烤箱續烤15分鐘。野米（不是真的米，其實是一種草）不會吸收所有的液體，所以不像一般的香料飯（pilaf）那麼乾燥，而會形成少量、濃郁的流動醬汁。外觀也富有戲劇性：轉成金黃色的雞肉和蔓越莓，映襯著帶點黑色的發亮野米。
- 如果像我一樣，直接用鍋子上菜的話，加入一半的芫荽，攪拌混合，再撒上剩下的一半。否則，先加入一半的芫荽碎攪拌混合，移到上菜的烤皿中，再撒上剩下的芫荽碎。

STORE NOTE 保存須知

剩菜冷卻後，在製作完成的2小時內覆蓋冷藏。可保存2天。重新加熱時，倒入平底深鍋內，加一點額外的液體，不時攪拌，加熱到完全沸騰。

Oven-Cooked chicken shawarma
烤箱版本的雞肉沙威瑪

雞肉沙威瑪通常是插在一根肉叉上加熱，但我看到 Sam Sifton（家庭廚師，所以值得一試）在 New York Times（他是那裡的美食版編輯）刊登的食譜，採用烤箱來做，我就想那一定可以試試看了。雖然，這道食譜是受到他的啓發，但並非是他的配方。我對成果很滿意，關鍵是過了我兒子這一關。有一段時間，我們住在可稱為倫敦的沙威瑪區，我兒子每天晚上都會出門，去買至少一個沙威瑪來吃（還是在晚餐過後喔！）。我戒慎恐懼地製作這道烤箱版本，而他判定味道過關。

這裡上菜的方式很簡單，將肉放在生菜絲上，搭配一些溫熱的（上等）皮塔餅、黃檸檬角和芝麻醬（見下方做法），雖然我兒子反對，說只有羊肉沙威瑪才會搭配芝麻醬。當我在宴客、家庭午餐或晚餐做這道料理時，一定會搭配我的焦糖大蒜優格醬汁（Caramelized Garlic Yogurt Sauce，**見256頁**），並切下一些番茄片，撒上薄荷，並且再搭配快速醃胡蘿蔔（Quick-Pickled Carrots，**見262頁** ）和快速醃黃瓜（Quick Gherkins，**見258頁**）。或者，直接將黃瓜切片，再將切成半月形的紅洋蔥，和紅酒醋或綠檸檬汁醃漬一下。

6 – 10 人份，依上菜方式而定

去皮去骨雞大腿（chicken thighs）12隻

未上蠟黃檸檬 2顆

烹調用橄欖油 100ml

大蒜 4大瓣或6小瓣，去皮磨碎或切末

月桂葉（乾燥或新鮮皆可）2片

匈牙紅椒粉（paprika）2小匙

小茴香籽粉（ground cumin）2小匙

磨碎的芫荽籽（ground coriander）1小匙

乾燥辣椒片 1小匙

肉桂粉 ¼ 小匙

現磨肉豆蔻（nutmeg）¼ 小匙

粗海鹽 2小匙

萵苣葉，上菜用

沙威瑪醬汁：

原味優格 1杯（250g）

芝麻醬（tahini）4大匙 ×15ml

大蒜 1大瓣或2小瓣，去皮磨碎或切末

鹽，1大撮或適量

石榴籽 1大匙

- 取出一個大型冷凍袋，放入雞大腿。
- 用細孔刨刀（microplane），磨入黃檸檬果皮，擠入黃檸檬汁。倒入橄欖油，加入大蒜，再加入所有剩下的材料（醬汁材料除外）。
- 用雙手將袋內原料擠壓混合，密封，放在盤子或烤皿裡，冷藏入味6小時至1天。
- 準備料理時，將烤箱預熱到 220°C / gas mark 7。將冷凍袋從冰箱取出，回復室溫。
- 將袋內食材全部倒入一個淺烤盤裡－我的尺寸為44×34×1.5cm －確保所有的雞肉平躺，不重疊（可能的話），烘烤30分鐘，使雞肉完全烤熟（務必再度確認），表面呈金黃色。
- 當雞肉烤熟時，製作醬汁：攪拌混合優格、芝麻醬、大蒜，再撒上一些石榴籽。
- 在上菜的大盤子（或個人餐盤裡），鋪上清脆的萵苣葉（撕碎或切絲），放上熱呼呼的雞肉，倒上烤盤裡的湯汁（除非你因為什麼奇怪的理由，反對油膩膩的湯汁）。若要雞肉能夠看起來量更多，可將雞腿切厚片上菜。另外，請搭配上我在前言提到的建議配菜。

MAKE AHEAD NOTE 事先準備須知	STORE NOTE 保存須知	FREEZE NOTE 冷凍須知
雞肉可在1天前醃好。放入冰箱冷藏，要用時再取出。	剩下的雞肉移到容器內，在2小時內冷卻覆蓋冷藏。可保存3天。	雞肉可和醃汁一起冷凍（雞肉未事先經過冷凍），可保存3個月。煮好冷卻後的雞肉可放入密閉容器或冷凍袋內，冷凍保存2個月。使用前放入冰箱隔夜解凍。

Tamarind-marinated bavette steak
羅望籽牛肉片

Skirt 裙帶牛排或 flank steak 腹脅牛排在美國和法國，都算很普及的美食，但在英國本地卻非如此。這真是毫無道理，因為這個部位的牛肉比一般的牛排，便宜不知多少，而風味又加倍地濃郁。我猜原因是，以前的英國人，習慣用低溫慢燉的方式，來煮這部位的牛肉，肉質因此變得像鞋皮一樣柴硬無味。Bavette 牛腰腹部是在裙帶牛排外圍的部分（與其他組織連接），料理的方式很簡單，如同我的肉販所說：『用高溫封住肉汁，煎到三分熟（rare）就上菜』。我發現用高溫的橫紋鍋（ridged griddle），一面煎 2 分鐘最適合。這表示，這道料理只適合喜歡牛排內部是生的（steak blue）人。另一個重點是分切的方法：一定要逆紋切（sliced against the grain）。這個原理適用於所有的牛排，但對付 bavette 牛腰腹這個部位時，若不遵守這項規則，成品根本不好咀嚼。幸好，它的肉紋非常明顯（如右方圖片所示），所以能夠輕易地辨認。

你不一定要買整塊肉。我自己不喜歡各別烹調單人份量的牛排，我覺得只要分切得好就行了。所以通常選擇一塊 500g 的肉，足夠供應 4 人份，烹調時間和下一頁完全相同。

羅望籽和醬油醃汁，使肉軟嫩，也增添鮮美的刺激酸味（我愛酸味）。我的冰箱裡常備有泰國羅望籽醬（tamarind paste），幾乎濃縮成磚塊狀了，所以我依照下方的食譜進行。如果你用的是玻璃罐裝的羅望籽（呈流動狀），那麼取出 75ml，直接加入醃汁材料中，不需事先加熱或加水稀釋。這兩種版本都可以，但真正的泰國羅望籽味道較好，也比較便宜。

我上菜的方式，是把它當作一整塊牛肉（a joint of beef）般切薄片上菜。但也適合當作牛肉口袋餅（beef tacos），或是冷了以後夾在拐杖麵包裡做成潛艇堡，拌入沙拉裡也不錯，所以有剩菜更好。

6 人份

羅望籽醬（tamarind paste）50g	葵花油 2大匙 ×15ml
醬油 ¼ 杯（4大匙 ×15ml）	流質蜂蜜 1大匙 ×15ml
剛煮滾的熱水 ¼ 杯（4大匙 ×15ml）	牛腰腹肉排（bavette steak）（整塊）750g

- 取一個最小的平底深鍋，加入羅望籽醬、醬油和熱水混合，以小火加熱，使羅望籽醬溶解到質地滑順。當你覺得差不多時（我的羅望籽醬包裝說不含核，但我發現還是有一兩顆，但我覺得犯不著特別取出），移到碗裡或量杯裡，加入油和蜂蜜攪拌混合，靜置到冷卻。未完全冷卻前請勿使用。
- 將牛腰腹肉排放入冷凍袋中，倒入冷卻的羅望籽醃汁，用雙手擠壓混合，使牛腰腹肉排兩面都沾浸到醃汁。密封，放在盤子或烤皿中，冷藏入味一整夜或1天。
- 取出，回復室溫，取出一大張鋁箔紙。將橫紋鍋（ridged griddle）加熱到很熱很熱。將牛腰腹肉排從袋中取出（多餘的的醃汁滴回冷凍袋中），放在熱鍋裡，每面煎2分鐘。
- 將牛腰腹肉排立即移到鋁箔紙上（我用廚房鉗），密封，但內部留出足夠空間，形成包裹狀，放在砧板（或其他不會太冷的表面）上靜置休息5分鐘。打開包裹，將牛腰腹肉排移到砧板上，逆紋切成薄片。

MAKE AHEAD NOTE 事先準備須知	STORE NOTE 保存須知	FREEZE NOTE 冷凍須知
牛腰腹肉排可在1天前醃好。放入冰箱冷藏，要用時再取出。	剩下的牛腰腹肉排移到容器內，在2小時內冷卻覆蓋冷藏。可保存3天。	煮好冷卻後的牛腰腹肉排可放入密閉容器或冷凍袋內，冷凍保存2個月。使用前放入冰箱隔夜解凍。

Butterflied leg of lamb

蝴蝶切羊腿

這是烹調一整塊羊肉（a joint of lamb），最快速的料理法，只要你不須自己蝴蝶切*。這也是最簡單的分切羊肉方式。雖然羊肉現在變得很貴，但這種料理法，可讓羊肉感覺份量更多。

這道食譜，結合了我們最喜愛的部位和風味：鯷魚，完美地帶出了羊肉的鮮甜與濃郁。這不是什麼新鮮的組合，就像百里香和大蒜，一直是料理羊肉的經典調味，但是家庭料理的精神，就在於依賴傳統而溫暖的熟悉風味，而非為了追求新奇而迷失。

雖然我列出了羊腿的重量，但羊腿自然會因為季節，而有著重量的變化。無論如何，羊腿在烤箱裡，要先以大火烘烤半個小時－時間太短，外皮不會上色。從烤箱取出後的靜置休息時間，才會決定肉質的熟透程度。

* 蝴蝶切（butterflied）是指在腿肉較厚的地方（中央帶骨處）下刀，往左右兩邊橫向剖開不切斷，形成厚度一致的肉塊，亦可取下腿骨。

8 人份

去骨並蝴蝶切的羊腿肉 約1.5kg	大蒜 4大瓣，去皮
新鮮百里香葉 1大匙 ×15ml，外加最後撒上的量	特級初搾橄欖油 2大匙 ×15ml
油漬鯷魚片（anchovy fillets）6片	粗海鹽 1小匙

- 將烤箱預熱到220℃ /gas mark 7。取出一個大型的淺烤盤，放入羊腿，帶皮部位朝下。如果有較厚的部位，尚未被蝴蝶切或壓平，可用刀子劃一刀。
- 在砧板放上1大匙的百里香葉，再放上鯷魚。將大蒜縱切成兩半，加在鯷魚上。
- 將這些材料稍微切碎，做成抹在羊肉上的調味醬。
- 抹入蝴蝶切羊肉的劃切處，再把剩下的均勻抹在羊肉上。
- 澆上特級初搾橄欖油，讓羊肉回復室溫（約需30分鐘）。
- 準備好時，小心地將羊肉在烤盤裡翻面，將盤底的油抹在外皮上，撒上鹽。
- 送入烤箱烘烤30分鐘，取出，用鋁箔紙搭個帳篷，如果要三分熟（pink）靜置10 – 15分鐘。若要熟一些，則靜置30分鐘。
- 將羊肉移到砧板上，逆紋切薄片。將烤盤裡的湯汁，倒入一個小型平底深鍋內，加熱，再澆一些在羊肉片上。
- 撒上一些切碎的百里香葉，搭配剩下的湯汁上菜。

STORE NOTE 保存須知	FREEZE NOTE 冷凍須知
吃不完的羊肉，可放入容器內（或用鋁箔紙包緊），在2小時內冷卻覆蓋冷藏，可保存2天。	剩下的羊肉冷卻後，可移到密閉容器或冷凍袋內，冷凍保存2個月。使用前放入冰箱隔夜解凍。

放輕鬆一鍋燉

BREATHE

BREATHE
放輕鬆一鍋燉

我們一天大部分的時間，都在匆忙中度過，往往連做菜，也需要搶下一點零星片段，幾乎連喘息的時間都沒有。這一章，有不同的步調，或說是較慢的節奏，反而更適合當今社會的緊湊作息。

首先你要明白的是，慢煮（slow-cooking）並非舊時農村生活的夢想：它使現代生活更容易。當朋友在周間來訪，或是傍晚臨時要湊合出晚餐，我都是依賴這裡的食譜，讓一家人可以坐下來共享。我也盡量準備一份日常的晚餐分量，塞在冰庫裡，這就是令人安心的保險。這些食譜一點也不麻煩，只要送入低溫烤箱內，就會自己搞定，完全不用我插手。我要做的，就是稍後再重新加熱一次就好。嚴格說來，只要將所有材料丟入鍋裡，然後碰一聲放入烤箱裡，其他時間就可自行消失了。但我知道，有人不敢在烤箱開著的時候出門。因為我在家工作，所以這不是問題，但無論如何，這就是慢煮料理的優點。

我最近愛上了新買的慢燉鍋（slow cooker），不只因為它適合我喜歡的料理方式。內鍋是鑄鐵製成的，而且可拆卸，所以如果要先將食材用火爐煎上色，就不必再使用一個平底鍋，增加清洗的工作。而且食物煮好後，也可直接用這個鑄鐵鍋上菜。我在之前的篇章裡，談到我對鑄鐵鍋的永恆愛好（見 xiii 頁），現在發現，就算不用這種鍋子來加熱，只是將食物留在裡面慢煮時，風味也會不同。它重新勾起了舊時代用柴火烹煮食物時的深沉滋味，是合成材料（無論導熱效果多好）所無法比擬的。

同樣的，我用上釉的鑄鐵鍋（enamelled cast-iron casseroles）來作烤箱慢煮的食物。導熱均勻，不會有熱點（hot spots），而且風味似乎更佳。我知道這種鍋子不便宜，但如同我在Kitchen一書中所說，它們可以用一輩子（我的一個鍋子，是雙親在1956年的結婚禮物）。所以，你也不用買新的－又有藉口上 eBay 了。料理，有它實際操作的一面，但我們對於這些珍愛、值得依賴的老舊鍋具，也培養出深厚的感情。這些厚重的鑄鐵鍋，陪伴了我一大部分的成年生活，使烹調成為一種重要的生命延續。從它們裡面舀出的慢煮料理，串起了我與孩子的生活片段。這並不是說，我不想再添購新的，而是同時理解到，我的兒子和女兒，甚至是他們的孩子，有一天也會用這些鍋子來煮食。

這種延續感，也是我喜愛這種料理方式的理由。它給予我呼吸的空間，在這個空間裡，我能夠放鬆，知道等一下就會有食物上桌了，令我開心、安心。我還喜歡這些菜色的另一個優點，就是適合保存幾天再重新加熱，風味更佳。事實上，我堅持你一定要試試看。知道食物正在那裡等候著，而且不需時時看顧，讓我能夠放輕鬆喘口氣。

Malaysian red-cooked chicken

馬來西亞紅雞

在馬來西亞料理上，Yasmin Othman 是位令我感恩、具有無比耐心的老師。這道菜的正式名稱是 ayam masak merah，紅色來自基底的辣椒醬及番茄。當我第一次將試做品登在網站上時，就有一大群馬來西亞人說，我加的辣椒太少了（他們從顏色就看出來不對勁）。雖然辣，但不至令人打退堂鼓；你覺得比較不熟悉的，可能是這裡的咖哩很乾。和你習慣的一般咖哩（curry）不同，醬汁並非多到好似雞肉在裡面游泳，而是厚厚的一層沾裹在雞肉上。我只需要白飯來搭配就行了。

4 － 6 人份

乾燥長形紅辣椒 6 根（非小型朝天椒）

紅洋蔥 1 大顆，去皮，稍微切碎

大蒜 3 瓣，去皮稍微切碎

生薑 1 塊 5 公分長（25g），去皮切片

新鮮紅辣椒 3 根，稍微切碎，不去籽

葵花油 2 大匙 ×15ml

香茅 2 根，修切過，壓碎

濃縮番茄泥（tomato purée）3 大匙 ×15ml

雞大腿（chicken thighs）12 隻，帶骨去皮

切碎的番茄罐頭 1 罐 ×400g

椰漿 200ml

粗海鹽 ½ 小匙

TO SERVE 上菜用：

長型紅蔥（shallots）2 顆，去皮切薄片

葵花油 3–4 大匙 ×15ml

- 將乾辣椒浸在熱水裡 5 分鐘以軟化；可能會飄浮在水面上而非浸入。從水中取出撕碎（最好用可拋棄式的乙烯基 CSI 手套），搖晃並盡量甩出所有的種籽。
- 用手持式攪拌棒和碗，將洋蔥、大蒜、薑、新鮮紅辣椒和浸泡好的乾燥辣椒，一起打碎成醬狀。
- 在大型中式炒鍋內（附蓋），將油加熱，加入剛做好的辣椒膏和壓碎的香茅，以中火翻炒 5 分鐘。
- 加入番茄泥，炒 1 分鐘，加入雞腿，並混合攪拌，使雞腿均勻沾覆上醬汁。

- 加入番茄罐頭，在裡加入四分之三空罐的清水，搖晃一下，倒入炒鍋裡，再加入椰漿，攪拌混合，加入鹽。
- 加熱到沸騰後，加蓋，轉成小火，小火煮（simmer）30分鐘，中間攪拌幾次。
- 打開蓋子，將火轉大一點，續煮30分鐘；醬汁會開始變得濃稠，並轉成深紅色。移到烤皿裡冷卻，然後覆蓋冷藏1天以上，3天以下（見下方的須知）。
- 重新加熱時，將雞肉連同醬汁加入中式炒鍋裡，加蓋，以中－小火加熱到雞肉完全熱透，約需20分鐘。中間不時掀開蓋子攪拌一下，確保醬汁均勻分布。打開蓋子，將火轉大一點，使醬汁滾煮約15分鐘，形成雞肉表面的濃醬。達到適當的濃度時，嚐味道，看是否要再加點鹽。
- 在表面撒上油蔥酥，雖非必要，但會增色不少。用鑄鐵鍋或底部厚重的平底鍋，將油加熱，將長型紅蔥片煎到酥脆呈金黃色。立即小心地移到廚房紙巾上冷卻。這在煮雞肉的任何空檔（或之前）都可以做。上菜時，撒在紅雞肉上。

MAKE AHEAD NOTE 事先準備須知	FREEZE NOTE 冷凍須知
長型紅蔥可在4小時前油煎成油蔥酥。放在陰涼處，以室溫保存備用。醬汁可在2天前做好，覆蓋冷藏備用。紅雞肉（不加油蔥酥）可在3天前做好，在製作完成的2小時內冷卻、覆蓋冷藏。可保存3天。依照上方食譜說明重新加熱。	可放入密閉容器內，冷凍保存2個月。放入冰箱隔夜解凍，依照事先準備須知重新加熱。

Note 注意：雞肉只能重新加熱一次。

Massaman beef curry
馬沙曼牛肉咖哩

這是另一道，由上次泰國行所激發出來的食譜，而且回來之後，做過好多好多次。這基本上就是牛肉燉馬鈴薯，和它一樣溫暖、撫慰人心，在濃郁的風味之外，又有一種新鮮活力。馬沙曼咖哩是比較溫和的咖哩，所以這裡的咖哩醬不會辣到噴火。但我真的覺得，如果不使用真正的泰國醬料，食物的風味不會這麼美妙。我的椰漿、羅望籽和其他的咖哩醬，都是和網路上的一家供應商買的，和超市的種類相比，品質不但更好，價格也更低廉。

至於椰漿，你看到我先加入表面的濃椰漿，但我常常把椰漿罐頭放倒了，所以無法按照我自己的指示去做。也就是說：請你放輕鬆：只要有品質好的咖哩醬和椰漿，成品不會差的。

我喜歡汆燙一些四季豆，切小段，再用冷水沖一下，混合一些長型紅蔥片，撒在上面。或是－在家庭晚餐時段－直接端上一碗燙好的原味四季豆。

6 人份

羅望籽（tamarind paste）2½ 小匙

棕櫚糖（palm sugar）或淡黑糖（soft light brown sugar）25g

剛煮滾的熱水 500ml

椰漿 1 罐 ×400ml

馬沙曼咖哩醬（massaman curry paste）½ 杯（125ml/140g）或適量

粗海鹽 1 小匙

牛腱肉（beef shin）1kg，切成4 － 5公分小塊

蠟質馬鈴薯 750g，去皮

泰國九層塔葉或芫荽 1 小把，上菜用

- 將烤箱預熱到 170℃ /gas mark 3。將羅望籽和糖放入量杯中，加入滾水到 250ml 的刻度。用叉子攪拌溶解。
- 在底部厚重的大型平底鍋或鑄鐵鍋裡（附蓋，我用的是直徑 24 公分），舀入椰漿罐頭表面的濃椰漿。加入咖哩醬，不時攪拌，加熱到沸騰（可能會產生油脂分離的現象，但沒關係）。將量杯裡的水、羅望籽、糖等全部倒入，加入剩下的椰漿、鹽，攪拌混合，再加入牛肉。再度攪拌，加熱到沸騰。一旦沸騰，加蓋，熄火，移到烤箱裡，烘烤 2 小時。
- 從烤箱取出，靜置冷卻，冷藏至少 1 天，3 天以下，使牛肉變得柔軟，醬汁入味。
- 要吃前的 30 分鐘，將烤箱預熱到 200℃ /gas mark 6，將馬鈴薯切成和牛肉一樣大小，加入咖哩鍋裡。加入 250ml 的滾水，用火爐加熱到沸騰，加蓋，移到烤箱裡加熱 30 分鐘，直到沸騰、完全熱透，馬鈴薯變軟。撒上一些撕碎的泰國九層塔葉（買得到的話），或切碎的芫荽，立即上菜。

MAKE AHEAD NOTE 事先準備須知	FREEZE NOTE 冷凍須知
依照上方食譜指示，將咖哩煮 2 小時後，在製作完成的 2 小時內冷卻、覆蓋冷藏。可保存 3 天。	冷卻後的咖哩，可放入密閉容器內，冷凍保存 3 個月。放入冰箱隔夜解凍，依照上方食譜指示重新加熱。

Note 注意：咖哩只能重新加熱一次。

Oxtail on toast
牛尾吐司

有時候，我會對一道食譜入迷，這就是一例。第一次吃到最香的牛尾吐司，是在一家叫做 Hubbard & Bell 的餐廳，接著幾天都容不下別的話題。過了幾個月，在 Jody Williams 的食譜書 Buvette 裡，看到牛尾柑橘醬（Oxtail Marmalade）的配方，便心知不自己試試看不行。我的食譜，比這兩者都簡單，但我感謝他們給我的啓發。

你會很驚訝作出來的份量不少：除了足夠抹在6－8片吐司上以外，剩下的足夠做成醬汁，用來拌雞蛋寬麵或玉米粥（polenta）。請注意，一次只加熱現在要吃的量。我會分批冷凍－每批足夠抹在4片吐司上的量－以供日後享用這份寬慰和喜悅。

可做出2公升，足夠抹在6－8片吐司上，外加4人份的燉菜，
或是拌上500g（乾燥）義大利麵的醬汁，可供4－6人份

洋蔥 1顆，去皮，稍微切碎

大蒜 1瓣，去皮，稍微切碎

胡蘿蔔 1根，去皮，稍微切碎

西洋芹 1根

新鮮巴西里 1小把

鴨油、鵝油或培根油脂 1大匙 ×15ml（15g）

小柳橙（clementine）1顆或柳橙 ½ 顆，最好是無蠟的，磨碎的果皮和果汁

乾燥百里香 2小匙，或新鮮百里香葉 1大匙 ×15ml

多香果（ground allspice）2小匙

可可粉 2小匙

紅苦艾酒（red vermouth）或紅寶石波特酒（ruby port）4大匙 ×15ml

牛骨高湯500ml（罐裝『新鮮版』亦可）

伍斯特辣醬（Worcestershire sauce）2大匙 ×15ml

粗海鹽 2小匙

牛尾（oxtail）1.25kg，切成5－6公分小段

月桂葉（bay leaves）2片

新鮮百里香，上菜用（可省略）

- 將烤箱預熱到170°C /gas mark 3。

- 將切碎的洋蔥、大蒜和胡蘿蔔，放入食物料理機的碗內，裝上鋼刀刃（steel blade）。將西洋芹分成2或3段，一起丟入。加入巴西里，將所有食材切碎。也可直接用手操作。

- 取一個底部厚重的鑄鐵鍋（附蓋），以中火融化鴨油（或其他種類油脂），趁熱，磨上柑橘果皮，攪拌混合，使香氣揮發出來，再加入食物料理機內切碎的食材。翻炒約5分鐘。

- 加入乾燥的百里香（或新鮮百里香葉片）、多香果粉和可可粉，攪拌混合，再倒入苦艾酒（或波特酒）。加熱到沸騰，倒入牛骨高湯、伍斯特辣醬，擠入柳橙果汁（種籽一不小心流入也沒關係），撒入鹽。攪拌一下，加入牛尾，加熱到沸騰後，加入1片月桂葉，加蓋，移到烤箱裡，烘烤3½小時。

- 如果牛尾肉已從骨頭分離，就代表時間到了。用2根叉子，將牛肉弄碎。如果想再冷卻一會兒，當然可以。讓燉肉自然冷卻，將骨頭取出，放入附蓋容器內，冷藏至少1天，最多3天。

- 準備重新加熱時，將浮在表面的凝固油脂撈除丟棄，取出你想要的分量，加入鍋子裡。看起來似乎很乾，但這只是因為肉汁都結凍了，不管誘惑多強，都不需要加水。但請記得，火要開小一點，蓋子要蓋緊，以保存裡面的肉汁。上菜前，確認完全沸騰熱透。

- 抹在烤好的上等麵包片上－我發現1杯的燉肉（冷藏的肉凍狀態下），可供應3 － 4片的吐司－再撒上一些新鮮的百里香葉（如果有的話）。

MAKE AHEAD NOTE 事先準備須知	CONVERSION NOTE TO SLOW COOKER 慢燉鍋料理法須知	FREEZE NOTE 冷凍須知
牛尾可在3天前做好。在製作完成的2小時內冷卻、覆蓋冷藏。	將高湯分成2份，以小火煮8小時，直到牛尾軟爛到可加以撕碎，再加入乾燥或新鮮百里香、多香果和可可粉，再依照上方食譜說明繼續。	冷卻後的牛尾，可放入密閉容器內，冷凍保存3個月。放入冰箱隔夜解凍，再重新加熱。

Note 注意：牛尾只能重新加熱一次。

Asian-flavoured short ribs
亞洲風味牛小排

美國是消耗大量牛肉的國家，牛小排（short ribs）隨處可見。很不幸的，我們英國幾乎不吃這種東西－除了時髦的小酒館以外（因此也把牛小排的價格哄抬了一些，真討厭）。這種現象一定要改變！牛小排的肉質甜美腴潤，如果這還不夠誘惑，我還可以告訴你，肉販業還頗富詩意地暱稱它為雅各的天梯（Jacob's Ladder）。

當有朋友來訪，我想要做出非常美味的食物，又不想太麻煩時，我就會做這道燉肉－簡單到讓我幾乎不好意思。你可能要事先向肉販訂購這些牛小排，請他們切成4－5公分的小塊。你也需要一個附蓋的大鍋（我用的是直徑35公分），能夠容納所有的牛小排單層擺放，唯有如此，裡面的液體才能夠將它們全部淹沒。如果鍋子不夠大，使用一個大型烤盤（roasting tin），再用鋁箔紙緊密覆蓋。

我喜歡搭配放了幾根小豆蔻莢的短梗糙米，以及爐烤櫻桃蘿蔔（Roast Radishes，**見227頁**）或一些清爽的四季豆一起享用。

6 – 8人份

牛小排（beef short ribs）2.5kg，切成4 – 5公分的方形

市售海鮮醬（hoisin sauce）1 杯（250ml）

清水 2杯（500ml）

醬油 ¼ 杯（4大匙 ×15ml）

紹興酒 ½ 杯（125ml）

中式五香粉（5-spice powder）2大匙 ×15ml

乾燥辣椒片 1 大匙 ×15ml

麻油 1 大匙 ×15ml

大蒜 4大匙，去皮磨碎或切末

TO SERVE 上菜用：

新鮮紅辣椒 1根，切碎

切碎的新鮮芫荽 2 – 3大匙 ×15ml

綠檸檬 3 – 4顆，切成檸檬角

- 將烤箱預熱到 150℃ /gas mark 2。將牛小排放入大型鍋子裡（請參照前言部分）。
- 將剩下的材料全部混合均勻，澆在牛小排上。
- 用一張烘焙紙或防油紙緊貼覆蓋（尤其是邊緣部分），再加蓋，或是用鋁箔紙緊貼覆蓋。送入烤箱烤4 – 4½ 小時：牛小排應變軟，並開始從骨頭分離。
- 將牛小排移到待會可放入冰箱的容器內，靜置冷卻後，盡量將肉從骨頭取下，將骨頭丟棄。將牛小排覆蓋冷藏 1 天以上，3 天以下。
- 準備重新加熱前，先把表面凝固的油脂丟棄（我用戴上可拋棄式 CSI 手套的雙手），將牛小排移到一個大型耐熱烤皿中（稍後也可直接用來上菜），我用的是28×26×8cm 的陶瓷皿，因為我喜歡這接近方型的容器，正好呼應方塊的牛肉。將烤皿用鋁箔紙或蓋子覆蓋（視以瓦斯爐或烤箱加熱而定），重新加熱到沸騰並完全熱透，若使用烤箱，則為200℃ /gas mark 6烤 1 小時。
- 上菜時，撒上一些切碎的辣椒和新鮮芫荽，在餐桌也擺上一些綠檸檬角，供大家自行取用，搭配這濃郁香甜的燉肉。

MAKE AHEAD NOTE 事先準備須知	FREEZE NOTE 冷凍須知
牛小排可在3天前做好。在製作完成的2小時內冷卻、覆蓋冷藏。	放入密閉容器內，冷凍保存3個月。放入冰箱隔夜解凍，再依照上方食譜指示重新加熱。

Note 注意：牛小排只能重新加熱一次。

Beef chilli with bourbon, beer and black beans

香辣牛絞肉和波本酒、啤酒與黑豆

我在家裡稱它為，德州香辣絞肉大屠殺（The Texas Chilli Massacre），因為對一些嚴肅看待香辣絞肉（chilli）的美國人來說，我的食譜一點都不正統。我在兩個地方破壞了傳統：首先，加入了豆子，這是很不美國的作法；其次，竟然使用楓糖漿，這在南方是大不敬。如果因此對任何人有冒犯的地方，我謹此致歉，但我拒絕、也不願為這道美味道歉。我怎麼能夠呢？這完全符合我理想中的香辣絞肉呀：風味深沉，夠辣但不至於辣到噴火。不過你看到，我是怎麼不受規範的，所以想要的話，儘管自行減少辣椒的份量。

至於辣椒，我在超市的香料區可以買到安可辣椒（ancho chillies），如果買不到，可加入額外的2小匙乾燥辣椒片。煙燻味是沒有了，但還有強烈的辣度。或者，也可把新鮮辣椒放在火上烤一下再打碎，也稍能彌補。最後一點：如果你像我一樣戴隱形眼鏡，切記要戴上拋棄式乙烯基手套再處理辣椒。

對了，我沒有搞錯豆子喔，你不須事先浸泡；其實豆子和最後的辣椒都一樣，不浸泡效果反而比較好。你可以只搭配一些上等麵包，但我個人會選擇，烘烤馬鈴薯和椰漿優格（如 CoYo 牌），混上一些切碎的芫荽。酸奶油（sour cream）也很好。在一碗香辣絞肉上加些切薄片的酪梨，也是好主意。

Desde

8 – 10人份

乾燥安可辣椒（ancho chillies）2根（共約30g）

剛煮滾的熱水 250ml

葵花油 2大匙 ×15ml

洋蔥 1大顆，去皮切碎

新鮮哈拉皮紐辣椒（jalapeño peppers）或其他辣椒 4根，切碎但不去籽

大蒜 3大瓣，去皮磨碎或切末

小茴香籽粉（ground cumin）2½ 小匙

磨碎的芫荽籽（ground coriander）2½ 小匙

乾燥辣椒片 1小匙

去骨牛腱肉（boneless shin of beef）1.75kg，切小丁

波本威士忌 150ml

墨西哥啤酒 1瓶 ×330ml 或其他淡啤酒（lager）

乾燥黑豆（black turtle beans）500g

冷水 1 公升

粗海鹽 2小匙

楓糖漿 2大匙 ×15ml

- 將烤箱預熱到 150℃ /gas mark 2。
- 將安可辣椒放入量杯中，加入滾水到250ml 的刻度。
- 用大型、底部厚重的鍋子將油加熱－請記得，鍋子接著要能容納許多好食材－加入洋蔥，翻炒約5分鐘，直到開始變軟，不要燒焦。加入切碎的哈拉皮紐辣椒，翻炒約3分鐘。加入大蒜、小茴香籽粉、磨碎的芫荽籽和辣椒片。攪拌混合。
- 加入牛肉丁，再加入波本威士忌，加熱到沸騰，再澆入啤酒。
- 加入黑豆，再將浸泡好的安可辣椒（戴上乙烯基拋棄式手套）撕碎加入（捨棄粗梗），再倒入浸泡辣椒的水、1 公升的冷水、鹽和楓糖漿。加熱到沸騰，加蓋，移到烤箱烤4小時，使牛肉充份軟爛。我的孩子等不及，總是要馬上開動，但這道深色濃郁的香辣燉肉，若是冷卻後冷藏一兩天，重新加熱會更好吃。

MAKE AHEAD NOTE 事先準備須知	CONVERSION NOTE TO SLOW COOKER 慢燉鍋料裡法須知	FREEZE NOTE 冷凍須知
香辣燉肉可在3天前做好。在製作完成的2小時內冷卻、覆蓋冷藏。	將食譜裡的1公升冷水減為200ml。以小火煮8 – 10小時，直到豆子和肉都變軟。6小時後，檢查一下是否液體都被吸收了，再加入一點剛煮滾的熱水。	冷卻後的燉肉，可放入密閉容器內，冷凍保存3個月。放入冰箱隔夜解凍，再重新加熱。以小火重新加熱，不時攪拌，直到完全熱透。

Note 注意：香辣燉肉只能重新加熱一次。

Italian veal shank stew
義大利燉小牛腿

對食譜書作者來說，承認以下的事實，恐怕不是好事。然而我發現，一旦找到喜歡的食譜，我就會一而再、再而三地煮同一道菜，招待朋友。這道食譜就是絕佳的例子。我必須努力尋找，不做它的理由。我第一次吃到這道菜，是在多年前，受到一個最慷慨、最有才能的廚師 Helio Fenerich (Helio's Kitchen) 招待，他非常和氣，願意給我食譜，以下的是我自己調整過的版本。

現在，我必須重申在義式美味快速上桌 Nigellissima 一書提過的：我知道，許多人對於享用小牛肉都有反感，但重點是，英國防止虐待動物協會 RSPCA 和關懷世界農業組織 Compassion in World Farming 這兩個單位，都鼓勵大眾享用小牛肉，只要包裝上標示“玫瑰小牛肉 rose veal”，就表示經人道飼養，否則，數以萬計的動物，就會這樣毫無貢獻地被摧毀。現在該是重新思考偏見的時候了。演講結束。

8 – 10 人份

胡蘿蔔 2 根，去皮，稍微切碎

洋蔥 1 大顆，去皮，稍微切碎

大蒜 4 瓣，去皮，稍微切碎

西洋芹 4 根，撕成小段

新鮮百里香 1 小把

葵花油 3 大匙 ×15ml

整隻小牛腿 (veal shins) 2 隻 (請肉販將尾端切除，露出骨髓)

切碎的番茄罐頭 ½ 罐 200g，(1 罐 ×400g)

不甜的白苦艾酒 (dry white vermouth) 或白酒 250ml

粗海鹽 1 小匙

現磨胡椒足量

- 將烤箱預熱到180°C /gas mark 4。將所有的蔬菜，和2大匙百里香葉－剩下的預留備用－放入食物料理機的碗內，打碎到細碎狀態。也可用手直接切碎。

- 在一個可用瓦斯爐加熱的大烤盤裡，以中－大火加熱油，將小牛腿煎到上色。尺寸不小，所以要讓整隻均勻上色，需要你一點喜劇般的努力，但不用太焦慮。上色後將肉取出。

- 加入切碎的蔬菜－也就是你的基底材料－以中火翻炒10 － 15分鐘，直到變軟。

- 加入番茄罐頭（如果受不了，冰箱存放著剩下的半罐番茄，就整罐用吧，也不會糟糕到哪裡去，只是我比較節制，選擇不這麼做）、苦艾酒（或白酒），撒上鹽，加入胡椒。攪拌均勻，加入小牛腿，翻轉一下，和蔬菜湯汁充分混合，並舀一點澆上來。湯汁不會很多，沒關係。

- 熄火，緊密蓋上烘焙紙或防油紙，將邊緣塞緊，再蓋上兩層鋁箔紙，同樣將邊緣塞緊密封。移到烤箱烘烤3小時，直到肉質軟爛，開始和骨頭分離。

- 取下鋁箔紙和烘焙紙（或防油紙），當肉冷卻到不燙手時，將肉從骨頭上取下並撕碎，丟棄牛筋等膠質部分。其實我會邊撕邊吃，當作給自己的犒賞，但不是每個人都喜歡這些有黏性的部位。現在好玩的來了：將骨頭在烤盤邊輕敲一下，讓骨髓流出，注入燉肉裡；大驚小怪者不宜。

- 將燉肉移到可放入冰箱的烤皿中，冷卻後覆蓋冷藏1天以上，3天以下。要吃的時候，將烤箱預熱到200°C /gas mark 6，將燉肉移到附蓋的鑄鐵鍋或耐熱烤皿中，和上層的骨髓攪拌均勻，回復室溫後加蓋，用烤箱重新加熱30分鐘，直到完全熱透。嚐嚐看是否需要再調味，撒上預留的百里香葉，立即上菜。

MAKE AHEAD NOTE 事先準備須知	FREEZE NOTE 冷凍須知
燉肉可在3天前做好。在製作完成的2小時內冷卻、覆蓋冷藏。	冷卻後的燉肉，可放入密閉容器內，冷凍保存3個月。放入冰箱隔夜解凍，再依照上方食譜說明重新加熱。

Note 注意：燉肉只能重新加熱一次。

Barbecuey pork butt

爐烤豬屁股

我覺得這道菜名真的很好笑，雖然對自己的幼稚感到不好意思，但還是要留著這可愛的名稱。豬屁股（Pork butt）就是美國人所謂的豬肩肉（pork shoulder），但我的肉販說，這其實比較接近肩胛部位（blade bone part），所以我在食材清單特別註明。這道食譜基本上就是手撕豬肉（pulled pork），所以我相信豬肩的任何部分都行。

這道菜的好處是－除了準備過程簡單，吃起來美味以外 －用低溫烤箱長時間加熱，滿室生香之餘（當我送入烤箱時，已是深夜，第二天下樓吃早餐時，就是撲鼻的香味迎接著我），餓的時候，只須用手撕下即可。同時，我也附上了較短烘烤時間的說明，可能對你更方便。

如果有雙層烤箱，可向肉販順便要劃切好的豬皮（the scored rind），用廚房剪剪成小塊，放入預熱到220°C /gas mark 7的烤箱，烘烤25分鐘，最後的5分鐘前翻面一次。搭配豬肉一起上菜。塞入漢堡麵包裡吃，非常非常美味。也可搭配古巴黑豆（the Cuban Black Beans，**見214頁**）或糖醋蔬菜絲沙拉（the Sweet and Sour Slaw，**見240頁**），或兩者都上吧。

8 － 10人份

捲起綁縛好的去皮去骨豬肩肉 2kg（豬肩末端，外層仍留有脂肪）

淡黑糖（soft light brown sugar）2大匙 ×15ml

第戎芥末醬 2大匙 ×15ml

雪莉酒醋 2大匙 ×15ml

粗海鹽 2小匙

中式五香粉 2小匙

辣椒粉 2小匙

大蒜 4瓣，去皮磨碎或切末

- 在一個小型烤盤（剛好夠容納全部的豬肉）的底部和周圍，鋪上雙層鋁箔紙。放上豬肉，脂肪部位朝下，靜置到回復室溫（約需40 － 60分鐘，視冰箱冷度與天氣而定）。差不多時，將烤箱預熱到250℃ /gas mark 9。
- 在碗裡混合糖、芥末醬和酒醋。加入鹽、五香粉、辣椒粉和大蒜，攪拌均勻。
- 當豬肉準備送入烤箱時，將醃料再度混合均勻（我用橡膠抹刀來攪拌、抹在豬肉上），盡量在豬肉上抹全部的醃料。這些醃料看起來其貌不揚，但不用擔心。將抹上醃料的豬肉送入烤箱，加熱 10分鐘，這時表面應已部分呈現焦色，將溫度調低到 100℃ /gas mark ¼，繼續烘烤 12小時以上，18小時以下，在14 － 15小時之後，要用鋁箔紙搭個帳篷。
- 或者，用250℃ /gas mark 9大火烘烤 10分鐘之後，轉成150℃ /gas mark 2，加熱5 － 6小時。在3小時後，就用鋁箔紙搭個帳篷。
- 從烤箱取出，解下綁縛繩，丟棄焦黑部分（卻是我個人的最愛），用2根叉子將肉撕碎。澆上一些肉汁（你也許想先把脂肪舀除一些），立即上菜。

STORE NOTE 保存須知	FREEZE NOTE 冷凍須知
剩菜冷卻後，在製作完成的2小時內覆蓋冷藏。可保存3天。重新加熱時，放入耐熱烤皿中，用鋁箔紙覆蓋，（或直接用鋁箔紙包覆小份量的豬肉）送入預熱為150℃ /gas mark 2 的烤箱中，加熱 30分鐘（視豬肉份量而定），直到完全熱透。必要的話，加一點水，以免太乾。	可放入密閉容器內，冷凍保存2個月。放入冰箱隔夜解凍，再依照保存須知重新加熱。

Note 注意：豬肉只能重新加熱一次。

Pork buns
豬肉刈包

要從何說起呢？我知道了：從紐約開始，確切地說，是東村（East Village）的 Momofuku Noodle Bar。店名是日文；David Chang，店主兼主廚是韓裔美國人；慢燉的五花肉，塞入熱騰騰的白刈包裡，絕對來自中式美食的傳統，但和另一種豬肉包－叉燒包－又不一樣。這裡的刈包，比較接近三明治，或說是五花肉漢堡，在這熱呼呼的刈包裡，除了豬肉片以外，還可加入各種美味的配料。對我來說，就是辣椒、薑和大蒜醬汁（Chilli, Ginger and Garlic Sauce，**見254頁**）、泰式醃辣椒（the Thai Pickled Peppers，**見261頁**）或切碎的新鮮辣椒、剛摘下的芫荽葉，再加上一些蔥花和黃瓜絲。心情對的話，再來一點油蔥酥，但這裡的主角，是五花肉。

我們西方人對五花肉的吃法，是加以爐烤，使外皮酥脆，內部柔軟。但還有另一種做法，不過恐怕不適合恐懼脂肪的人。使用慢燉的方法（softly braised），脂肪不會消失，而且是菜餚中的重點。每一口，都是豐腴潤滑。

這道食譜雖然很花時間，但做法簡單。如果方便，你甚至可以事先將豬肉做好，要吃的時候，再快速加熱。請注意一點：當豬肉做好以後，要上菜時再分切會比較美觀，一旦等到肉塊冷卻就立即分切，會更容易。而且這樣做出來的刈包，嚐起來更具 Momofuku 的風味。

至於刈包，就必須要去中式超市才買得到，但我猜你也可用一般的軟麵包（soft bread buns）代替。也請記得，這些多汁的五花肉片，也適合搭配米飯和麵條，或其他你喜歡的吃法。

足夠裝滿 14－28 個刈包

粗海鹽 ½ 杯（70g）

細砂糖 ½ 杯（100g）

去骨去外皮但仍帶些肥油的五花肉（pork belly）1.25kg，縱切對半成兩塊

海鮮醬（hoisin sauce）¼ 杯（4大匙 ×15ml），外加更多上菜的量

中式刈包或軟麵包（soft bread buns）14－28個（見前言），上菜用

配料：

長型紅蔥（banana shallots）1–2顆，切薄片

葵花油 3–4大匙 ×15ml，煎炒用

大型黃瓜 ½ 根

蔥 4根，修切過

芫荽 1大把

辣椒、薑和大蒜醬汁（Chilli, Ginger and Garlic Sauce，見254頁）或其他辣醬

○ 在量杯裡，注入1 公升的冷水。加入鹽和糖，攪拌溶解。將2塊五花肉放入一個大冷凍袋，倒入量杯裡的鹵水。將袋子密封好，放入烤皿中，冷藏至少8小時，24小時以下。

○ 準備烹調時，將五花肉從冰箱取出，回復室溫，將烤箱預熱到250°C /gas mark 9。在量杯裡注入1杯(250ml)的冷水，加入海鮮醬，攪拌混合。將豬肉從鹵水中取出(在流理台上方)，拍乾，脂肪部位朝上，放入烤盤內(恰好能容納這兩塊五花肉)；我用的尺寸約為28×24×6.5cm。在每塊五花肉表面抹上1大匙稀釋過的海鮮醬來滋潤，用烤箱烤30分鐘，使脂肪上色，部分呈現焦色。

○ 從烤箱取出，將溫度轉成150°C /gas mark 2，將剩下的海鮮醬倒入烤盤，不要碰到五花肉的表面。用厚鋁箔紙(或兩層的一般鋁箔紙)將烤盤緊密覆蓋(小心，烤盤很燙)，送回烤箱，加熱2小時，五花肉便完全烤熟、變得軟爛。等待豬肉烘烤的時候，亦可油煎長型紅蔥片成為酥脆的油蔥酥，然後放在雙層廚房紙巾上瀝乾，稍後用來撒在肉上。

○ 從烤箱取出五花肉，放在砧板上。若要直接上菜，先靜置數分鐘，同時用微波爐加熱或蒸熱刈包。將五花肉切成1公分的厚片－每塊五花肉約可切出14片。如果切的時候，豬肉破碎分離，不用擔心，這樣塞入刈包裡吃一樣美味。

○ 將黃瓜和蔥橫切成3等份，再縱切成絲。摘下一些芫荽葉。以上材料和辣醬、一些海鮮醬等，都用小盤子裝好，一起端到桌上搭配豬肉。

○ 如果事先已將五花肉煮好，現在只是重新加熱五花肉片，我會幫客人組合刈包，每個裝入2片五花肉片(想要更多人分享，放1片就好)、蔥絲、黃瓜絲、芫荽、海鮮醬、油蔥酥(想要的話)和辣醬。若是當場做好並分切，我會讓大家自行組合。

MAKE AHEAD NOTE 事先準備須知	FREEZE NOTE 冷凍須知
將湯汁取出，倒入碗裡或量杯中，以待稍後冷藏。豬肉單獨冷卻後，用鋁箔紙個別緊密包覆，可冷藏保存3天。重新加熱時，將湯汁表面凝固的油脂丟棄，取出¼ 杯(4大匙)的凍汁，放入一個淺烤皿中(baking tin)，攪拌一下使其均勻覆蓋底部，再將豬肉切片，單層擺放在烤皿中，用鋁箔紙覆蓋，送入預熱到 200°C /gas mark 6的烤箱裡，烘烤15分鐘，直到完全熱透。上菜前，把豬肉翻面均勻浸在湯汁中。	冷卻後的熟豬肉，可用雙層鋁箔紙緊密包覆，冷凍保存3個月。放入冰箱隔夜解凍，再依照事先準備須知切片、重新加熱。

Note 注意：豬肉只能重新加熱一次。

Lamb shank and black garlic stew
黑大蒜燉羊小腿

這道食譜，來自 Sabrina Ghayour 深具啓發的食譜書 Persiana，書裡一道絕佳塔吉鍋料理（tagine）。我的版本很偷懶，也經過一些調整。第一次試做時，依照指定程序，每個人供應一隻羊腿，後來才想到根本吃不完。所以，現在將這甜美的肉撕碎上菜（加入每一滴流出的骨髓），可以提供更多份量。北非小麥是理所當然的配菜，也很適合，但我更想用一堆道地的皮塔餅（pitta）或上等麵包來搭配，加上慢燉鷹嘴豆和小茴香與菠菜（the Chickpeas with Cumin and Spinach，**見211頁**）。如果你還沒吃過黑大蒜，一定要試試：它帶有焦糖化與發酵的風味，能增添美妙的麝香濃郁感。現在英國不難買到，因為本地就有種植。如果還是買不到，或不想嘗試，也可用2顆自行焦糖化的大蒜代替（**見113頁**的焦糖大蒜鷹嘴豆泥 Caramelized Garlic Hummus）。若是如此，就用手將洋蔥切碎，加入番茄後，將焦糖大蒜瓣擠入鍋裡。

10 – 12 人份

洋蔥 2大顆（共約450 – 500g），去皮切4等份

黑大蒜 2顆（見前言），分瓣去皮

鵝油或鴨油 3大匙 ×15ml（45g）

小茴香籽（cumin seeds）2小匙

多香果（ground allspice）2 小匙

肉桂粉 2 小匙

紅苦艾酒（red vermouth）或酒體飽滿的紅酒 250ml

切碎的番茄罐頭 2罐 ×400g

粗海鹽 2小匙

羊小腿（lamb shanks）6隻

- 將烤箱預熱到150°C /gas mark 2。將洋蔥和黑大蒜放入食物料理機的碗內切碎。也可用雙手直接切碎，但注意黑大蒜有黏性。若用機器打成近乎泥狀，加入燉肉裡會比較容易混合均勻。

- 在附蓋的大鍋裡（能夠容納所有食材，我用的是直徑30公分深15公分），融化鵝油或鴨油，加入食物料理機內的切碎材料，用刮刀將每一點都從周圍刮下。以中火翻炒3分鐘，直到洋蔥開始變軟。加入小茴香籽粉、多香果和肉桂粉攪拌混合。

- 轉成大火，倒入紅苦艾酒或紅酒，加熱到沸騰，再加入2罐番茄罐頭，在2個空罐內注入冷水，一起加入。

- 加入鹽攪拌一下，加入羊腿，再度加熱到沸騰，加蓋，移到烤箱裡烘烤4小時，使醬汁變濃稠，肉開始與骨頭分離。

- 打開蓋子，放置於陰涼處，冷卻到不燙手（約需時1小時，視你的耐熱而定，我等30分鐘就不怕燙地伸手進去了）。將肉從骨頭撕下，將骨頭輕敲鍋邊，使全部的骨髓肉汁等都流入鍋裡，這不會太優雅。骨頭丟棄，用2根叉子將肉撕得更碎一點。然後全部倒入一個稍後重新加熱與上菜用的鍋子裡－直徑28公分、高10公分或容量6公升的皆可－放到一個冷的鍋子裡，會使羊肉冷卻得更快。一旦冷卻，覆蓋冷藏至少1天，3天以下。或者（為了方便保存），冷卻之後，倒入密閉容器或方便貯藏的盤皿中。

- 重新加熱前，從冰箱取出，丟棄表面油脂，靜置1小時（若以密閉容器保存時，需要的時間較短）以回復室溫。將烤箱預熱到200°C /gas mark 6，烘烤1 – 1¼ 小時，直到完全熱透，如果沒有要馬上享用，將烤箱關火，保溫30分鐘。

MAKE AHEAD NOTE 事先準備須知	FREEZE NOTE 冷凍須知
羊腿可在3天前做好。盡快冷卻撕碎，在製作完的2小時內覆蓋冷藏。	放入密閉容器內，冷凍保存3個月。放入冰箱隔夜解凍，再依照上方食譜說明重新加熱。

Note 注意：羊腿只能重新加熱一次。

Spiced lamb stew with a goat's cheese and thyme cobbler topping
香料燉羊肉佐山羊奶起司與百里香烤步樂

這是一道口味濃厚深沉、香氣四溢的燉肉，已成為我家常備的周日晚餐。單獨享用沒甚麼不好，但我個人認為，若是加上了如司康一般柔軟的餅乾，混合了酸味山羊奶起司與芳香的百里香，更是完美的化身。而且省了你準備澱粉類配菜的功夫。如果你迅速瀏覽下一頁烤步樂（cobbler）的作法，就會發現製作起來像作夢一樣簡單。這道菜本身也是一點都不難。

焦糖化大蒜已經成為我烹飪生活中不斷出現的主題了，一切源自於此。

8 人份

大蒜 2顆，保持整顆不去皮

烹調用橄欖油 2大匙 ×15ml

洋蔥 2顆，去皮，稍微切碎

乾燥百里香 1½ 小匙

肉桂粉 2½ 小匙

羊頸肉片（lamb neck fillet）（或羊肩肉）1.25kg，切成適合做燉肉的小塊

紅苦艾酒（red vermouth）或酒體飽滿的紅酒 250ml

胡蘿蔔 4根（350g），去皮，縱切成4等份（如果是小型，切半即可），再切成3公分小塊

茄子 2根（500g），切成4 － 6公分小塊

剛煮滾的熱水 375ml

粗海鹽 2小匙

八角 3顆

- 將大蒜的頂端切除到剛好露出蒜瓣，分別放在鋁箔紙上包起來，開口處封緊但內部留出空間，形成袋狀包裹。放入小型鋁箔紙盒或烤盤上。將烤箱預熱到170℃ /gas mark 3。
- 在大型鑄鐵鍋或耐熱平底鍋內（寬口，但不必太深，附蓋），加熱橄欖油，加入切碎的洋蔥。以中－小火翻炒約10分鐘，使洋蔥變軟，轉成金黃色，但不上焦色。加入乾燥百里香和肉桂粉攪拌混合。
- 將火轉大，加入羊肉攪拌混合，使受熱均勻，但大概不會上色。
- 倒入苦艾酒或紅酒，攪拌一下，刮下沾黏在鍋底的渣滓。加入胡蘿蔔、茄子、熱水、鹽和八角，再度攪拌一下，加熱到沸騰。
- 加蓋，移入烤箱，同時將準備好的大蒜一起送入烤箱，烘烤2小時。從烤箱取出後，打開蓋子，讓燉肉冷卻。當大蒜不燙手時，立即擠出蒜瓣，加入燉肉裡，攪拌混合，再靜置冷卻。將燉肉移到適當的容器內，覆蓋冷藏1天以上，3天以下，再重新加熱享用。
- 重新加熱時，將表面的油脂去除，移入可容納燉肉和烤步樂（cobbler topping）的鍋子內－我用的是一個寬而淺的鑄鐵鍋，直徑30公分，高8公分－在瓦斯爐上加熱到沸騰。小火煮（simmer）30分鐘。
- 若要製作烤步樂（cobbler），就趁這個空檔，將烤箱預熱到220℃ /gas mark 7，參照下一個食譜進行。想要單獨享用時，確認燉肉完全熱透再上桌。

MAKE AHEAD NOTE 事先準備須知	FREEZE NOTE 冷凍須知
燉肉可在3天前做好。在製作完的2小時內冷卻、覆蓋冷藏。	放入密閉容器內，冷凍保存3個月。放入冰箱隔夜解凍，再依照上方食譜說明重新加熱。

Note 注意：燉肉只能重新加熱一次。

Goat's cheese and thyme cobbler topping
山羊奶起司和百里香烤步樂

我第一次做這個，是用來放在上一道食譜，香料燉羊肉(the Spiced Lamb Stew)上，但請別因此覺得受限。我是不會的。就把它當作是基本參考的藍圖吧。你可以把山羊奶起司換成切達起司、全部都用奶油、加其他的香料，或變化香草種類。所有的燉肉，只要加上這種美妙的金黃色烤步樂，都非常適合輕鬆的周日午餐。我也常在一般的肉醬上加烤步樂，是用一半紅萊斯特起司(Red Leicester)和一半奶油做成的(兩者都要磨碎)、各 ¼ 小匙的英格蘭芥末粉和磨碎的肉豆蔻皮(ground mace)，來代替薑黃(turmeric)，並且完全不加香草。當烤步樂在烤箱裡烘烤時，底下的燉肉滾燙，上面的小司康同時在烘焙和蒸的狀態下，漸漸膨脹，變得輕盈柔軟，表面酥脆轉成金黃色，底層則潤浸在下方的醬汁之中。

做起來真的很簡單。我喜愛雙手搓揉柔軟麵團的感覺，在揉拍擀麵的過程中，覺得安寧。真的，動手製作時沒有壓力，因為本身就是舒壓的過程。

可做出約 20 個

全脂鮮奶 125ml，外加2小匙

黃檸檬汁 1小匙

中筋麵粉 175g，外加撒手粉的量

泡打粉 (baking powder) 2小匙

小蘇打粉 (bicarbonate of soda) ¼ 小匙

細海鹽 ½ 小匙，外加1小撮

薑黃 (ground turmeric) ½ 小匙

新鮮百里香葉 1大匙 ×15ml，外加幾枝稍後用到的量

捏碎的山羊奶起司 50g

剛從冰箱取出的無鹽奶油 50g

雞蛋 1顆

- 將125ml 的鮮奶，倒入小杯或小量杯中，加入黃檸檬汁攪拌，靜置備用。

- 在攪拌盆中混合麵粉、泡打粉、小蘇打粉、½ 小匙鹽、薑黃和百里香葉。捏碎山羊奶起司加入，磨入奶油。我用的是 microplane 緞帶刨刀 (ribbon grater，用來削巧克力的那一種)。用叉子輕柔攪拌均勻。

- 現在，仿效製作烤酥頂 (crumble) 的方法，用手指將奶油、山羊奶起司和香料麵粉，彼此摩擦，也就是說，利用拇指指腹和中間的3根手指彼此摩擦的方式－如蝴蝶拍翅般的輕柔動作－將脂肪壓入乾燥材料中，一邊用指腹抓取材料混合。當麵粉變成燕麥片般的粗粒狀時，倒入100ml 的黃檸檬汁與鮮奶的混合液，再用木杓攪拌，直到形成稍微潮濕的柔軟麵糊。如果你發現不需要剩下的25ml 黃檸檬汁與鮮奶的混合液，就不要用。

- 在準備擀麵皮的工作台上撒手粉，撕下一大張烘焙紙備用。將這柔軟的麵團塑形成球狀，放在工作台上壓平後，立即翻面。用手壓扁，或擀成1公分以下的厚度。用一個直徑6公分的切割模－或用玻璃杯也行－蘸上一點額外的麵粉，開始切出圓形麵團，放在備用的烘焙紙上。將剩下的麵團揉在一起塑成球形，壓扁擀平，這樣重複直到用完所有的麵團。最後應可切成20個 “小餅” 或說是烤步樂司康 (cobbler-scones)。

- 當燉肉夠熱時，將烤箱預熱到220℃/gas mark 7，開始準備將司康組合上去。首先，將雞蛋打散，和2小匙鮮奶與少許鹽混合，製成刷蛋液。將燉肉放在你的前面，放上柔軟的司康，快速但從容地刷上蛋汁，放入烤箱烘烤15分鐘，直到司康表面膨脹成金黃色，底下的燉肉沸騰冒泡。

Slow-cooked black treacle ham
慢煮黑糖蜜火腿

沒有別的料理，能取代我在 Bites 一書裡可口可樂火腿（Ham in Coca-Cola）的地位－在餐桌和我心裡都是如此。但這道慢煮火腿又是另一種境界。這次，我不是先將火腿水煮，再移到熱烤箱中上蜜汁，而是澆覆上糖蜜後，用烤箱低溫慢燉，再用鋁箔紙包好，在低溫中蒸煮。從烤箱取出，打開鋁箔紙，切下外皮，在表面的脂肪層上鑲丁香，澆覆上芥末黑糖蜜，再短暫地用高溫烤箱加熱一下。這種作法，使豬肉柔軟無比，能輕鬆地切成薄片。肉也不會縮，也不需在沸騰的湯汁中和大塊豬肉搏鬥。

我一向喜歡在聖誕夜時準備火腿，因為這樣在26號的節禮日（Boxing Day）就有冷火腿和冷火雞肉可吃（以及一般的三明治點心），而這種料理方式，會使你的生活輕鬆許多。如果 12–15 小時的烹飪時間不適合你，你也可以用 180°C /gas mark 4的烤箱，加熱5小時，再繼續進行蜜汁的步驟。

第一個步驟之後收集的肉汁，非常鮮美，但也很濃郁。我會澆一點在切片的火腿上，但加一點點就夠了。

你會注意到，我並未先浸泡醃漬豬後腿（gammon joint）：這是因為我發現，現在買的醃豬後腿，鹹度不會太高，因此不需事先浸泡，但如果你或你的肉販覺得必要，當然可以先醃。不論你想選擇煙燻（smoked）或無煙燻（green）版本，都可依個人喜好。對了，測量糖蜜時，先將容器抹上油，事後的清洗會比較方便。

10 – 12 人份，會有多餘的剩菜

去骨醃豬後腿肉（gammon）1 塊 3.5kg，帶外皮（rind）

黑糖蜜（black treacle）150g

FOR THE GLAZE 蜜汁部分：

整顆丁香（cloves）約 1 大匙 ×15ml

黑糖蜜（black treacle）¼ 杯（4 大匙 ×15ml）

德梅拉拉紅糖（demerara sugar）¼ 杯（4 大匙 ×15ml）

第戎芥末醬（Dijon mustard）1 大匙 ×15ml

＊德梅拉拉紅糖（Demerara sugar），以蓋亞納共和國 Guyana 產地命名的粗粒紅糖。

- 將烤箱預熱到250°C /gas mark 9。讓醃後腿肉回復室溫。
- 在大型烤盤鋪上鋁箔紙，放上網架（wire rack）。撕下一大張鋁箔紙（能夠包覆整塊豬肉），鋪在網架上。再撕下一大張鋁箔紙鋪上去，但與上一張朝著不同的方向，也就是說，現在可看到鋁箔紙的四個角落，用它來包覆豬肉。
- 將豬肉放在網架的鋁箔紙上，直接在外皮澆上黑糖蜜，使其朝著各方流溢，不用擔心抹勻的問題，因為在熱烤箱內，糖蜜會自然均勻包覆在豬肉上。
- 將豬肉底下第一張的鋁箔紙往上折起，將豬肉包起來（要留出空間），並且封好。將第二張鋁箔紙也往上折起，依法泡製：重點是這個豬肉包裹的內部要有足夠空間，但對外不能有空隙，所以接縫處一定要封緊。最後，再撕下一張鋁箔紙，蓋在整個豬肉包裹上方，以確保完全沒有空隙。
- 小心地送入烤箱，烘烤30分鐘之後，將溫度轉成100°C /gas mark ¼，續烤15–24小時。
- 到了第二天，將豬肉從烤箱取出，打開鋁箔紙包裹，裡頭應該會有些肉汁。將裡面的肉汁取出備用（上菜時澆在肉片上）。小心地將豬肉移到砧板上，剪或切除外皮，但留下脂肪層。
- 將烤箱溫度調高成200°C /gas mark 6。用鋒利的刀子在脂肪層以2公分寬劃切成菱形格紋。
- 在每個菱形的中央，鑲上一顆丁香。在碗裡混合黑糖蜜、德梅拉拉紅糖和第戎芥末醬，均勻抹在脂肪層上，將流下的蜜汁再度舀澆上去。送入烤箱，加熱20分鐘，使蜜汁上色，脂肪層起泡。從烤箱取出，移到砧板上，靜置10 – 20分鐘後，再分切成薄片。

STORE NOTE 保存須知	FREEZE NOTE 冷凍須知
剩菜要盡快冷卻，在製作後的2小時內覆蓋（或用鋁箔紙緊密包覆）冷藏。可保存3天。	放入密閉容器內（或用鋁箔紙緊密包覆後，再放入冷凍袋內），可冷凍保存2個月。放入冰箱隔夜解凍再使用。

Make-ahead mash

預先完成的薯泥

沒人質疑薯泥受歡迎的程度，雖然做法不難，但要在最後一刻做出大份量，也頗令人頭痛。這裡，就是你最佳的解決方案：帶點刺激酸味與細微起司味的薯泥，以及酥脆的表皮，為我的烹飪生活帶來了革命性的改變。我第一次試做，是在去年的感恩節，從此以後，也在我家的餐桌快樂地出現過好幾次。它的出場時機，是搭配上一頁的火腿（強力推薦），或是有賓客來訪，要事先分散工作量的時候。

12 人份

薯泥用馬鈴薯 2.5kg（如 Maris Piper 品種）

煮馬鈴薯時加的鹽適量

軟化的無鹽奶油 175g

酸奶油 250ml

肉豆蔻粉（nutmeg）足量

現磨胡椒足量

磨碎的帕瑪善起司 35g

粗海鹽適量

TOPPING 表面餡料：

乾燥麵包粉（dried breadcrumbs）75g

軟化的無鹽奶油 75g

磨碎的帕瑪善起司 50g

- 將馬鈴薯削皮後切成4等份，放入一大鍋加了鹽的清水中，加熱到沸騰。將火稍微轉小，煮到馬鈴薯變軟但未破裂。加熱時間視鍋子的尺寸而定，但大約是水滾後的30分鐘。
- 瀝乾馬鈴薯前，預留2杯（500ml）的煮馬鈴薯水。馬鈴薯瀝乾後放回鍋裡，加蓋（不開火），靜置備用。
- 用平底深鍋來融化奶油和酸奶油，澆在馬鈴薯上，一邊搗碎，一邊逐次加入適量的馬鈴薯水，以調整到想要的質感。我通常寧願水分多一點，因為在靜置與重新加熱後，會變得更乾。加入適量的肉豆蔻粉、胡椒、帕瑪善起司和粗海鹽。
- 準備好後，舀入一個寬口淺烤皿中，將表面抹平。你可以待其冷卻後，以保鮮膜覆蓋冷藏，保存3天；或直接進行下一個步驟。
- 準備要重新加熱時，將烤箱預熱到200°C／gas mark 6。將烤皿從冰箱取出，回復室溫。
- 將麵包粉倒入碗裡，1次1小匙，加入奶油，一邊混合成粗粒狀。均勻撒在馬鈴薯上，再撒上帕瑪善起司，烘烤30分鐘，直到完全熱透。

MAKE AHEAD NOTE 事先準備須知

不加表面餡料的馬鈴薯，可在3天前做好。在製作完的2小時內冷卻、覆蓋冷藏。先回復室溫（約需30分鐘），再加上表面餡料，進行烘焙。

Note 注意：馬鈴薯泥只能重新加熱一次。

Leek pasta bake

焗烤韭蔥義大利麵

我第一次試做，是在女兒的21歲生日宴會時，和科西瑪雞肉（Chicken Cosima，**見149頁**）一起出場，以供素食者享用，還可當成宵夜。我後來發現，帕瑪善起司並非素食*，所以你可以省略，直接採用350g的切達起司。或是選用你手邊有的任何種類起司皆可。

*帕瑪善和其他某些種類的起司，在製造過程中，使用了牛胃裡的酵素，因此不能歸於素食。

當作主菜的 8 人份

韭蔥 500g（修切洗淨後的重量）

不甜的白苦艾酒或白酒 250ml

冷水 500ml

粗海鹽 2小匙

全脂鮮奶 500ml

軟化的無鹽奶油 75g

中筋麵粉 75g

第戎芥末醬（Dijon mustard）2小匙

磨碎的帕馬善起司 50g

風味濃烈的切達起司（Cheddar）300g，磨碎

現磨胡椒

窄管麵（tortiglioni）或波紋貝殼通心麵（rigatoni）500g

煮義大利麵的鹽，適量

- 將韭蔥切成1公分的小段，放入一個附蓋、寬口、底部厚重的平底深鍋中。加入苦艾酒（或白酒）、水和鹽－剛好淹沒韭蔥－加蓋，加熱到沸騰。不要打開蓋子－裡面的湯汁稍後會用到，所以不要讓它蒸發掉－煮到變得柔軟，約10分鐘。在最初的5分鐘過後，可以打開蓋子，迅速攪拌一下，讓韭蔥舒展開來。

- 將韭蔥瀝乾備用，韭蔥水預留備用。我的作法是將濾盆架在大量杯上方，約可得出500ml的韭蔥水。在量杯裡加入鮮奶，到達1公升的刻度，若分量不夠，再加入一點額外的鮮奶。這時可以開始將煮義大利的水加熱。

- 確認鍋裡沒有剩下的韭蔥，以中火融化奶油。加入麵粉和芥末醬，攪拌形成油糊（roux），一邊攪拌一邊加熱約1－2分鐘，直到這冒泡的麵糊濃稠一些。
- 離火，緩緩加入韭蔥水與鮮奶的混合液，同時不斷攪拌，防止結塊。
- 一旦所有的液體都加入後，將鍋子重新以中火加熱，一邊攪拌一邊加熱－將攪拌器換成木杓－直到醬汁變濃稠、質地滑順，無生麵粉味，約需10分鐘。
- 將火關掉（如果用的是電熱爐，則將鍋子移開），加入帕瑪善起司和225g的切達起司，用木杓攪拌混合，加入適量的胡椒，確認起司充分融合，再加入韭蔥攪拌。離火，加蓋。
- 當義大利麵鍋沸騰時，加入適量的鹽，加入義大利麵，煮到比一般更彈牙（al dente）的程度。預留2杯煮麵水後再瀝乾。
- 將½杯（125ml）的煮麵水，加入醬汁內攪拌均勻。將一半的醬汁倒入27×37cm的烤皿、烤盤或你屬意的容器中。倒入瀝乾的義大利麵，加上剩下的醬汁，輕柔拌勻。需要的話，再加入一點煮麵水；質感要稀一點，因為在靜置和烘焙的過程中，都會變得濃稠。靜置10分鐘（或等到冷卻後，冷藏3天以下，先回復室溫再進行烘烤）。
- 準備烘烤時，將烤箱預熱到220℃／gas mark 7。在義大利麵表面撒上剩下的75g磨碎切達起司。送入熱烤箱烘烤20－25分鐘，直到冒泡，表面呈金黃色。將刀尖插入中央部位，檢查是否全部熱透，刀尖取出時應是熱的。如果要表面酥脆一點，略上焦色，可放在炙烤架下方數分鐘，但要仔細觀察。或者直接在烤箱裡待久一點。從烤箱取出後，靜置10－20分鐘，再上菜。

MAKE AHEAD NOTE 事先準備須知
烘烤義大利麵可在3天前做好。在製作完的2小時內冷卻、覆蓋冷藏。先回復室溫（約需30分鐘），再進行烘焙。

Note 注意：烘烤義大利麵只能重新加熱一次。

Slow-cooker chickpeas with cumin and spinach

慢燉鷹嘴豆和小茴香與菠菜

我很榮幸地向你報告：這道食譜幫我改造了一個宣稱從來不吃鷹嘴豆的人。而我自己從中也獲得了一個新發現。也就是，從現在開始，我只在亞洲或中東商店購買鷹嘴豆，因為超市的產品不管浸泡、烹煮多久，似乎仍然堅硬難吃，不願膨脹，令我大失所望。使用慢燉鍋，按照以下的料理法所煮出來的豆子，不用浸泡，卻飽滿柔軟。因為加了小蘇打，所以煮豆子的水必須丟棄，因此不會有美味的高湯，但我樂意做這樣的犧牲。不過，還是請你嚐嚐豆子湯：也許你不討厭裡面的小蘇打味。

我喜歡單獨享用這道菜餚，想要增加飽足感時，可捏碎一些費達起司加上，但我更常用來取代馬鈴薯，搭配烤雞、燉肉，或任何想要吃的時候。

6 – 8 人份

乾燥鷹嘴豆 500g

小蘇打粉 ½ 小匙

菠菜 500g

特級初榨橄欖油 2–3大匙 ×15ml

大蒜 1 瓣，去皮磨碎或切末

小茴香籽（cumin seeds）4小匙

素（蔬菜）高湯 1 杯（250ml）

粗海鹽適量

- 將鷹嘴豆放入慢燉鍋中，加入足夠的冷水，到達鷹嘴豆以上4－5公分左右的高度。加入小蘇打粉，以低溫烹煮6－8小時。一般來說，6小時就差不多了，但就算煮久一點，也不會變得太軟或破裂。
- 將鷹嘴豆瀝乾，菠菜洗淨。在慢燉鍋的容器內（如果可以放到瓦斯爐上煮的話，否則另取一附蓋的大型鑄鐵鍋或平底鍋），加入油，再加入大蒜，開火加熱，小心不要燒焦大蒜。加入3小匙的小茴香籽，再加入一半的菠菜（葉片上還留著殘餘的水分），以及四分之一的高湯。加蓋加熱約3分鐘，使菠菜變軟。攪拌一下，加入剩下的菠菜，和四分之一的高湯，攪拌一下，再度加蓋，使菠菜變軟。
- 倒入瀝乾的鷹嘴豆，輕柔拌勻，加入適量的高湯。加入適量的鹽調味，離火。
- 用乾鍋將剩下的1小匙小茴香籽烘香，撒在鷹嘴豆上，上菜。

STORE NOTE 保存須知	CONVERSION NOTE TO OVEN 烤箱料裡法須知	FREEZE NOTE 冷凍須知
剩菜應在製作完成的2小時內冷卻、覆蓋冷藏。可在冰箱保存2天。放入平底深鍋內，以小火重新加熱，需要的話，再加入一點高湯，不時攪拌，直到熱透。	將烤箱預熱到150°C /gas mark 2。將鷹嘴豆放入一個大型、底部厚實的鍋子裡，加入足夠的冷水淹沒到豆子上方5公分處，用瓦斯爐加熱到沸騰。將火轉小，加入½小匙的小蘇打粉，加蓋，放入烤箱加熱2小時，使豆子變軟（也許不會像慢燉鍋法一般飽滿）。	冷卻後的鷹嘴豆，可放入密閉容器內，冷凍保存3個月。放入冰箱隔夜解凍，再依照保存須知重新加熱。

Note 注意：這道鷹嘴豆只能重新加熱一次。

Slow-cooker Cuban black beans
慢燉古巴黑豆

我一直以為，所有的乾燥豆子在料理前，都要事先浸泡過，但事實並非如此：浸泡過的黑豆，反而會失去原本的濃厚風味。直接料理，能夠保存它們的深色“豆汁 gravy”，而不會和用來浸泡的清水一起流失。

當我在古巴或邁阿密享用黑豆時，盤子裡的甜椒一律是綠色的，但我就是不想用青椒，所以改用了香甜多汁的紅椒。請注意：這道食譜並不適用於其他的豆類。

6 – 8 人份

洋蔥 2顆，去皮切碎

紅椒 2顆，去籽切碎

大蒜 6瓣，去皮切碎

黑豆 (black turtle beans) 500g

新鮮紅辣椒 1根，切碎但不去籽

小茴香籽 (cumin seeds) 2大匙 ×15ml

現磨胡椒足量

清水 1公升

月桂葉 (bay leaves) 2片

鹽適量

- 將所有材料放入慢燉鍋內，以低溫煮6 – 8小時。當豆子一旦煮熟後，以鹽調味，離火靜置30分鐘以上，使湯汁變得濃稠。最好能靜置到完全冷卻，使風味能完全融合，再以小火重新加熱。
- 可以搭配米飯，加上一點切碎的芫荽趁熱享用，或做成墨西哥卷 (burritos)，搭配酪梨、磨碎的起司和酸奶油上桌。搭配玉米脆片 (tortilla chips) 冷食也很美味，雖然會吃得髒兮兮的。

STORE NOTE 保存須知	CONVERSION NOTE TO OVEN 烤箱料裡法須知	FREEZE NOTE 冷凍須知
剩菜應在製作完成的2小時內冷卻、覆蓋冷藏。可在冰箱保存2天。	將所有的材料放入底部厚實的鑄鐵鍋內，加入足夠的冷水淹沒到豆子上方3公分處，以瓦斯爐加熱到沸騰，加蓋，放入預熱到150°C /gas mark 2的烤箱，加熱2小時，直到豆子煮熟，產生深色『肉汁』。冷卻後靜置1天，再重新加熱。豆子會變軟，但豆汁不會像慢燉鍋法一般濃稠。	冷卻後的鷹嘴豆，可放入密閉容器內，冷凍保存3個月。放入冰箱隔夜解凍，倒入平底深鍋內，以小火重新加熱，需要的話，加入一點清水，並不時攪拌，直到熱透。

Note 注意：慢燉古巴黑豆只能重新加熱一次。

Slow-cooker beef and Guinness stew with prunes and black treacle

健力士慢燉牛肉和洋李與黑糖蜜

深色的黑啤酒（stout）、黑糖蜜和散發著光澤的洋李，這道深色美食，口味深沉而濃郁，如同外觀所暗示的。其中的濃郁甜味，成為我一系列醃菜（請參見**258–264頁**）的最佳搭配。若你尚未像我一樣，陶醉在自製醃菜的世界中，那麼我建議你各買一罐的醃核桃（pickled walnuts）和醃紅包心菜（pickled red cabbage），當作刺激夠味的配菜。一些烘焙馬鈴薯，加上酸奶油，也是絕佳的選擇。

對了，我在材料清單列出的『上等牛骨高湯』，是那種超市裝在塑膠罐裡販售的版本。

10 人份

去骨牛腱肉（boneless shin of beef）1.75kg，切塊	黑糖蜜（black treacle）⅓杯（100g）
洋李乾（prunes）250g	葵花油 1 － 2滴，抹在杯子或碗裡
上等牛骨高湯 500ml	肉桂棒 1長根或2短根
健力士（Guinness）或其他深色黑啤酒（stout）250ml	月桂葉 3片
粗海鹽 1小匙	

○ 將牛肉塊放入慢燉鍋的內鍋裡，加入洋李乾，用雙手拌勻。

○ 將高湯和黑啤酒倒入1公升的量杯中，加入鹽。用抹上油的⅓量杯（cup）或其他小碗，來量出所需的黑糖蜜，倒入高湯和黑啤酒裡，攪拌混合，然後倒入牛肉鍋中。

○ 加入肉桂棒和月桂葉，壓入高湯裡，將這個內鍋放入慢燉鍋的底層（如果你的鍋子像我一樣，有兩層），以低溫煮8小時，使牛肉軟嫩，洋李飽滿而柔軟。將鍋子關掉，檢查調味，同時不要燙到嘴巴。

○ 你可以立即享用（牛肉已經夠軟了），但我覺得最好是等1天（或3天以內），使風味能夠進一步融合醞釀。重新加熱時，先回復室溫，同時將烤箱預熱到200℃ /gas mark 6。送入烤箱加熱 30分鐘，直到完全沸騰熱透。也可用瓦斯爐重新加熱，沸騰後再小火煮30分鐘。

MAKE AHEAD NOTE 事先準備須知	CONVERSION NOTE TO OVEN 烤箱料裡法須知	FREEZE NOTE 冷凍須知
燉肉可在3天前做好。在製作完畢的2小時內冷卻、覆蓋冷藏。	將燉肉放入附蓋鑄鐵鍋內，送入預熱到150℃ /gas mark 2的烤箱，烘烤3小時，直到肉變軟，洋李飽滿柔軟。如果醬汁太乾，就加一點水。靜置休息一會兒再上菜。	放入密閉容器內，冷凍保存3個月。放入冰箱隔夜解凍，再重新加熱。

Note 注意：燉肉只能重新加熱一次。

Slow-cooker Korean beef and rice pot
慢煮韓式牛肉粥

這道料理的韓國元素，就是風味濃烈的韓式辣椒醬（gochujang），從 Kitchen 一書後，它就成為我廚房裡不可或缺的備料。你可以在亞洲超商或網路上買到，一旦你吃過一次（我在對尚未嘗試過的人喊話），你就會不斷地找方法用在你每日的料理上。韓式拌飯（bibimbap）對這道食譜的靈感也有所貢獻，但這並非真正的做法，只能算是一種變化。它的做法絕對比較簡單，但若你要加上一顆煎蛋，我也不會阻止你 ...

6 人份

牛絞肉 500g，最好是有機放牧的

短梗糙米 1¼ 杯（200g）

切碎的番茄罐頭 1 罐 ×400g

韓國辣椒醬（gochujang paste）¼ 杯（4 大匙 ×15ml）

醬油 ¼ 杯（4 大匙 ×15ml）

豆芽 300g

- 將牛肉和米放入慢燉鍋中。將番茄罐頭倒入量杯中，將空罐裝滿清水，搖晃一下，一起倒入。加入辣椒醬和醬油，攪拌混合，倒入慢燉鍋的牛肉中。攪拌混合後，加蓋，以低溫煮 4 小時，使牛肉變軟，液體被完全吸收，變得濃稠黏膩。
- 將豆芽放入大碗裡，倒入滾水淹沒。靜置 1 分鐘後瀝乾，加入牛肉飯裡拌勻。再度加蓋等 5 分鐘，關掉慢燉鍋，上菜。

STORE NOTE 保存須知	CONVERSION NOTE TO OVEN 烤箱料裡法須知
剩菜應在製作完畢的 2 小時內冷卻、覆蓋冷藏。可在冰箱裡保存 1 天。重新加熱時，放入耐熱烤皿中，用鋁箔紙覆蓋，送入 150℃ /gas mark 2 的烤箱，烘烤約 30 分鐘（視份量而定）。或放入適合的容器內，用微波爐重新加熱到完全熱透，再上菜。	將所有材料放入底部厚實或上釉的附蓋鑄鐵鍋內，加入額外的 125ml 清水，送入預熱到 180℃ /gas mark 4 的烤箱，烘烤 2 – 2½ 小時，直到米飯變軟，液體被完全吸收，變得濃稠黏滑。依照上方食譜方式準備豆芽，一起拌入，加蓋，（在烤箱外）靜置 10 分鐘。

Slow-cooker Moroccan chicken stew

摩洛哥慢燉雞

我的摩洛哥慢燉雞（chook-from-the-souk）是略帶香氣的金黃色燉菜，裡面的雞肉因為是大腿肉，所以特別鮮美多汁。如果你預先製作這道料理（所有的燉菜最好都是這樣），雞皮所產生的脂肪，在經過冷藏後，也可輕易移除。雞皮能夠增添風味，上菜時，雞皮和雞骨都會去除，雞肉也會撕碎。

6 人份

帶皮帶骨雞大腿 8隻

洋蔥 1顆，去皮切碎

醃黃檸檬（preserved lemons）2 － 3顆（視大小而定），稍微切碎

鷹嘴豆罐頭 2罐 ×400g 或玻璃罐裝 1½ 罐 ×660g，瀝乾洗淨

小茴香籽（cumin seeds）2小匙

薑粉 1小匙

肉桂 1長根或2短根

番紅花（saffron）1 小撮（¼ 小匙）

雞高湯 500ml

黃金桑塔納葡萄乾（golden sultanas）50g

去核綠橄欖 70g

切碎的新鮮芫荽，上菜用

- 將所有材料放入慢燉鍋中，低溫烹煮4小時。
- 將容器從慢燉鍋取出，打開蓋子，靜置10 － 15分鐘，再將雞肉撕碎。丟棄雞皮和雞骨。倒入溫熱過的碗裡，撒上芫荽碎，上菜。

STORE NOTE 保存須知	CONVERSION NOTE TO OVEN 烤箱料裡法須知	FREEZE NOTE 冷凍須知
剩菜應在製作完畢的2小時內冷卻、覆蓋冷藏。可在冰箱保存3天。	在鑄鐵鍋或底部厚實的鍋裡（能容納單層擺放的雞肉），加熱1大匙 ×15ml 的橄欖油，煎炒洋蔥5分鐘，直到變軟。加入剩下的材料，加熱到沸騰，蓋上一張防油紙，再加蓋，送入預熱到180°C /gas mark 4的烤箱，加熱1小時，直到雞肉軟嫩到和骨頭分離。	可放入密閉容器內，冷凍保存3個月。放入冰箱隔夜解凍再使用。放入平底深鍋內，加蓋，以小火加熱並不時攪拌，直到完全熱透。

Note 注意：燉肉只能重新加熱一次。

配菜
SIDES

SIDES
配菜

有位醫生曾對我說過，我是她唯一建議過，要少吃點青菜的人。我是雜食性動物，但常用薑和辣椒，烹調出 1 公斤的青花菜，就當作晚餐，不需要任何肉類，也不用擔心腸胃不適。

也許是因為，我的母親也曾是能夠一次吃下一整顆（只用奶油和白胡椒調味）包心菜的人。

我一定是遺傳了她的慾望基因，一碗單一口味的食物，就是渴望的美味。但最近我發現，我在烹調的過程中，開始尋找簡單的配菜，來搭配肉類、魚類或家禽類，不需花俏，但要有獨特的吸引力。烹調蔬菜，能夠在美感上帶來極大的滿足：它們的色彩，使整個廚房都不禁想要大聲歡唱（以及我本人，如果我能唱的話）。很慚愧地說，許多次我只是爐烤一隻全雞，當作晚餐，但以下的食譜既有熟悉的日常作業，也有新的靈感－這是我們在廚房內、外都需要的。

當然，它們不是本書中唯一的蔬菜食譜：前面幾章中的食譜前言，常有關於配菜的建議。但是在這裡，它們就是主角。因為我個人也可稱得上是調味品之后，所以總是不放過搭配醬汁的機會。一道餐點，不管如何樸素，桌上一定要有一瓶或一碗調味品，讓我配著吃，我才覺得完整。

這就讓我不得不提到我烹飪生活中的新歡：自製醃菜，我似乎無法停止醃製；我已經成為 toursomaniac（瘋狂醃製的人）。這個新詞是我自己的發明，而且短期內大概沒有治癒的可能。對於曾經寫下廚房敗家實錄（Kitchen Gadget Hall of Shame）的我來說，有件事讓我在此羞於啓齒：最近，我又購入一個日本漬物壓蓋（Japanese pickle-press）。

請別緊張，這一章裡的醃菜都很簡單。這個醃漬器，可能會和我其他的廚房戰利品（通常在夜晚，臣服於網路購物的誘惑），一起被收藏在樓梯下的櫥櫃積塵深處，不見天日。但以下的醃菜食譜，製作簡單，不需特殊技巧、設備或耐心，當你將它們憑空生出，或端到餐桌上時，請容許自己，感受到一絲安詳的滿足與興奮的期待。

Roast radishes
爐烤櫻桃蘿蔔

我在 thekitchn.com 網站看到一道爐烤櫻桃蘿蔔的食譜，然後馬上就想做出自己的版本。真正的工作，只在於將櫻桃蘿蔔切半，而且只需送入烤箱一會兒就行了。辛辣的清脆感，因高溫而轉化成刺激多汁－還有，喔～那美麗的粉紅色臉頰。每次有人來吃晚餐時，我幾乎都會做這道，沒有人不喜歡的。

你也可以將它轉變成沙拉：對應以下的櫻桃蘿蔔數量（先切半），趁櫻桃蘿蔔烘烤的空檔，烘烤 100g 的榛果，再切碎。將櫻桃蘿蔔和榛果，以及一些西洋菜（watercress）混合，與柳橙汁、橄欖油與粗海鹽製成的調味汁，一起拌勻。

8 － 10 人份

櫻桃蘿蔔 600g
橄欖油 2大匙 ×15ml
切碎的新鮮細香蔥或蔥 1 － 2大匙 ×15ml
粗海鹽 1小匙或適量

- 將烤箱預熱到 220°C /gas mark 7。
- 將櫻桃蘿蔔從頭到尾切半：綠色部分留著會比較好看，如果尾部太長，應該修切掉。
- 放入碗裡，倒入橄欖油，拌勻。
- 倒入烤盤，將切面朝下，呈現出一片粉紅色的波浪。
- 送進烤箱爐烤 10分鐘，取出後和切碎的細香蔥（或蔥）與鹽拌勻，檢查調味，想要的話，再加點鹽或細香蔥。趁熱上菜，若有冷卻的剩菜也很好用，在接下來的一周內，都可加入沙拉或湯麵裡，或直接舀在餐盤邊搭配享用。

STORE NOTE 保存須知

冷卻後的剩菜，可覆蓋冷藏，在冰箱保存 5天。冷食。

Purple sprouting broccoli with clementine and chilli

紫色嫩莖青花菜和小柑橘與辣椒

這道食譜的發想，和許多其他例子一樣，我那時剛好在（我出版商的）廚房裡，隨便用手邊的材料做出一餐，結果味道無比美味，從此依樣畫葫蘆－季節對的時候－在自家廚房不斷做了好多次。買不到紫色嫩莖青花菜的時候，我就用纖細的嫩枝花椰菜（tenderstem），或一般的青花菜來代替。

4 － 6 人份

紫色嫩莖青花菜（sprouting broccoli）500g

水煮青花菜的鹽

磨碎果皮和果汁的小柑橘（clementine）1 顆或柳橙 ½ 顆，最好是無蠟的

芹菜鹽（celery salt）¼ 小匙或粗海鹽 ½ 小匙，或適量

第戎芥末醬（Dijon mustard）1 小滿匙（heaped teaspoon）

冷壓芥花油或特級初榨橄欖油 2 大匙 ×15ml

乾燥辣椒片 ½ 小匙

- 將一鍋水煮滾，準備煮嫩莖青花菜，一旦水滾便加入鹽調味。修切掉粗硬木質部分。
- 將一半的小柑橘（或柳橙）磨碎果皮，加入 1 個罐子或碗中，剩下的一半預留備用。加入小柑橘（或柳橙）果汁、芹菜鹽（或粗海鹽）、第戎芥末醬、油，和 ¼ 小匙的辣椒片。充分搖晃混合。若用碗，則攪拌混合。
- 嫩莖青花菜水煮 2 分鐘，直到剛煮軟、仍帶清脆口感。我很難給你確切的時間，因為視嫩莖青花菜的產季而定。將嫩莖青花菜瀝乾，倒回熱而無水的鍋中，加入調味汁，輕柔拌勻，盛入盤子或碗中。撒上剩下的小柑橘果皮和辣椒片，上菜。

STORE NOTE 保存須知

剩菜冷卻後，要盡快覆蓋冷藏。可在冰箱保存 5 天。冷食。

Broccoli two ways, with ginger, chilli, lime and pumpkin seeds

青花菜兩吃：薑、辣椒、綠檸檬和南瓜籽

我也許有時奢侈，但絕不浪費（這是我常說來自衛的話）。我就是無法忍受，將青花菜的莖部丟到垃圾筒裡去。即使這一餐只要青花菜的花束部分，我也會把莖部保留在冷凍袋中，放入冰箱，留待第二天或之後削皮快炒。

6 人份

生薑 1塊3公分（15g），去皮

南瓜籽 4大匙 ×15ml

青花菜 1顆（約500g）

水煮青花菜的鹽

綠檸檬汁 2小匙

鹽 1小撮

麻油 ½ 小匙

葵花油 1大匙 ×15ml

青花菜莖部分：

葵花油 1小匙

新鮮紅辣椒 1根，去籽切碎

生薑 1塊3公分（15g），去皮切絲

清水 1大匙 ×15ml

綠檸檬汁 2小匙

- 將一鍋水煮滾來燙煮青花菜。將去皮生薑磨碎（grate），放入有邊的盤子內。取出一張廚房紙巾，將磨碎的薑舀在中央部位。接著動作迅速地將紙巾的四角抓起轉緊，做成迷你擠汁袋（swag bag），將薑汁擠出（可加入原先的盤子裡），約可得出1小匙的辛辣薑汁。這是我最新的廚房小絕招，完成後便可繼續進行（薑汁稍後備用）。

- 將南瓜籽放入鑄鐵鍋或底部厚實的平底鍋內（不加油），以中－大火搖晃加熱，直到上色並發出香味，移到盤子上。不要清洗鍋子，因為馬上會用到。

- 青花菜的莖部切下備用。將青花菜分成小花束。用蔬菜削皮刀將莖部削皮，切成薄片。

- 當青花菜的水沸騰後，加入鹽調味，加入青花菜花束，煮2 － 3分鐘，使花束仍有口感，瀝乾，放回原來的鍋子裡（已倒淨水分），離火。

- 製作調味汁：將綠檸檬汁、薑汁、鹽、麻油和葵花油放入小碗裡，攪拌混合。將這個調味汁，和一半的烘烤南瓜籽，一起加入青花菜鍋中，拌勻。靜置一會兒，同時來準備莖部。

○ 在用來烘烤南瓜籽的鍋子裡，加入葵花油，再加入青花菜莖薄片，快炒 1 分鐘，再加入一半的切碎辣椒和薑絲，續炒 30 － 60秒。加入水和綠檸檬汁，再炒約 1 分鐘，直到莖部開始變軟，但仍有口感。

○ 將青花菜花束倒入上菜大盤子的中央部位，周圍鋪上大部分的莖部薄片，放一些在花束上，再均勻撒上剩下的南瓜籽和切碎的辣椒。

STORE NOTE 保存須知
剩菜冷卻後，盡快覆蓋冷藏。可在冰箱保存5天。冷食。

Braised peas with mustard and vermouth
芥末與苦艾酒燉豌豆

我的冰庫裡一定常備有豌豆（petits pois）：加一點點液體，用小火慢煮，就是具有撫慰感而優雅的美味。雖然失去了亮綠的色澤，但別怕這卡其色，因為活潑的風味是很好的補償。而且，這道料理能夠存放一段時間，風味甚至會變得更好，有客人來訪時，非常方便，可減少最後一刻的焦頭爛額。

8人份

特級初榨橄欖油 2大匙 ×15ml
冷凍豌豆 1包 ×907g
不甜的白苦艾酒（vermouth）或白酒 125ml
粗海鹽 2小匙
第戎芥末醬（Dijon mustard） 2小匙
月桂葉 2片

- 用底部厚重的鍋子（附蓋）來加熱油，倒入豌豆攪拌一下，再加入白苦艾酒（或白酒），加熱到沸騰。
- 加入鹽、芥末醬和月桂葉。加熱到沸騰後，加蓋，小火煮（simmer）20 – 30分鐘，離火，置於溫暖處靜置1小時以內，不要打開蓋子。我喜歡的做法是，之後再送入120°C /gas mark ½ 的烤箱中，加熱1 – 2小時，使甜味變得更深沉。

STORE NOTE 保存須知	FREEZE NOTE 冷凍須知
剩菜冷卻後，盡快覆蓋冷藏。可在冰箱保存5天。放入小型平底深鍋內，以小火重新加熱，不時攪拌，直到完全熱透。	放入密閉容器內，可冷凍保存3個月。放入冰箱隔夜解凍，再依照保存須知重新加熱。

Quick coconutty dal
快速椰香豆泥

這有一點像加了辛香料的豌豆泥（pease pudding），但香料比較細緻微妙，不那麼濃烈喧嘩。我想要椰子風味，但非椰漿的濃郁香氣，前一陣子流行的椰子水，證實為完美的解答；但是把所有食材串連在一起的，是磨碎的肉豆蔻皮（mace）。

以下的份量其實超過2人份，就算只有2人用餐（請**見27頁**的印度香料鱈魚 the Indian-spiced Cod），也不減量，就為了那美味的剩菜。我喜歡一菜兩用的食譜，這一道菜在第二次出場時，可做出美味的湯來享用。我取出1杯，再加入1杯蔬菜高湯和1小匙的綜合印度香料（garam masala），一起加熱做成湯。我承認外表並不漂亮，但保證風味絕佳。

2－4人份

紅扁豆（red lentils）200g

椰子水 300ml

肉桂棒 1根

小豆蔻莢 2根，壓扁

清水 200ml

磨碎的肉豆蔻皮（ground mace）¼小匙

鹽適量

- 將扁豆放入附蓋的平底深鍋內，加入椰子水、肉桂棒、小豆蔻莢和清水。
- 加熱到沸騰，加蓋，小火煮20分鐘。檢查扁豆是否煮軟了：水分應已被吸收，幾乎形成豆泥。若扁豆不夠軟，再加一點水，小火續煮5分鐘左右。
- 一旦扁豆夠軟，水分被吸收，加入磨碎的肉豆蔻皮和鹽，用叉子攪拌混合，形成豆泥般的質地。靜置後會變得更濃稠，所以如果事先製作－蓋著蓋子，可保溫1小時－在上菜前，可能需要再加點液體。別忘了再度檢查香料調味。

STORE NOTE 保存須知	FREEZE NOTE 冷凍須知
剩菜冷卻後，在製作完畢的2小時內覆蓋冷藏。可在冰箱保存2天。放入小型平底深鍋內，以小火重新加熱，不時攪拌，需要的話再加點液體，直到完全熱透，或當作湯來喝。	放入密閉容器內，可冷凍保存3個月。放入冰箱隔夜解凍，再依照保存須知重新加熱。

Note 注意：扁豆泥只能重新加熱一次。

All-Clad

A tray of roast veg

蔬菜大盤烤

這道食譜的由來，是來自**第134頁**的奶油南瓜和哈魯米起司漢堡（Butternut and Halloumi Burgers）剩下的 ½ 顆奶油南瓜。我同時也喜歡在冰箱的蔬菜抽屜東翻西揀，把殘餘的蔬菜小段等收集起來，用烤箱的高熱將它們重新改造，用來為自己注入能量。

換句話說，你不需要完全複製我用的蔬菜種類，只要善用你手邊有的材料就行。記得蔬菜要盡量切成相同大小，才能確保同時煮熟。不要期待它們呈現出時下流行的爽脆口感：我想現在該是時候讓大家能夠欣賞，慢煮蔬菜裡的口味深度，就像對待慢燉肉類一樣。

8人份

奶油南瓜約500g，去皮去籽

韭蔥 2根，修切過洗淨

紅椒 2顆，去除內膜和種籽

小型花椰菜 1顆

冷壓芥花油或烹調用橄欖油 4大匙 ×15ml

茴香籽（fennel seeds）1大匙 ×15ml

匈牙利紅椒粉（pimentón picante 或 paprika）1小匙

- 將烤箱預熱到200°C / gas mark 6。將奶油南瓜切成約4公分的小塊。倒入大型的淺烤盤中。
- 將韭蔥切成寬2－3公分的圓圈狀，倒入同一個烤盤。將紅椒切成4公分的小塊，一起加入。
- 將花椰菜的頂端花束部分切下，分成小花束，也一起加入。
- 倒入油，撒上茴香籽（fennel seeds）和紅椒粉，將蔬菜充分拌勻上色。
- 送入烤箱爐烤45分鐘，使蔬菜變軟煮熟，需要的話，再多加一點時間。

STORE NOTE 保存須知

剩菜冷卻後，盡快覆蓋冷藏。可在冰箱保存5天。冷食。

Slaw with miso ginger dressing
蔬菜絲沙拉和味噌薑調味汁

雖然可以用食物料理機來切高麗菜絲，我還是覺得直接用雙手來切比較簡單。省了清洗機器，而且我愛這一類『砍柴挑水』的烹飪工作；也就是說，這種簡單規律的項目，正是廚房裡的舒壓良方。所以，儘管好好地去切吧，同時把一切煩憂拋在腦後。

6－8人份

紅洋蔥 1顆，去皮切成 ¼ 的半月形的絲

米醋 2大匙 ×15ml

日本清酒 2大匙 ×15ml

芝麻 2大匙 ×15ml

小型高麗菜（white cabbage）1顆

一般大小的紅椒 3小顆或2顆，去除內膜和種籽

新鮮紅辣椒 4根，去籽（不用去得太乾淨）

大蒜 1大瓣或2小瓣，去皮磨碎或切末

生薑 1塊2.5公分（12g），去皮磨碎

甜味白味噌 2大匙 ×15ml

醬油 2大匙 ×15ml

麻油 1小匙

- 將紅洋蔥絲放入小碗裡，加入米醋和清酒，靜置10分鐘。
- 同時，用底部厚實的平底鍋乾烘芝麻，直到香味逸出，移到盤子上冷卻。
- 將高麗菜切絲，甜椒和辣椒也切絲，一起放入大碗中，拌勻。
- 在洋蔥碗內加入大蒜和薑末。加入味噌、醬油和麻油，拌勻。
- 將洋蔥與伴隨的調味汁，一起倒在蔬菜絲上，再度拌勻。
- 最後加入冷卻的烘烤芝麻，拌勻上菜。

STORE NOTE 保存須知

立即將剩菜裝入附蓋的容器內。可在冰箱保存3天，但蔬菜也會變得更軟。

Sweet and sour slaw
糖醋蔬菜絲沙拉

這是另一項有助冥想的切菜工作！雖然份量不少，但你的回報是一大把色彩亮麗的蔬菜絲，能餵飽許多人。風味刺激，為一桌的冷肉提升風味。它也是香辣牛絞肉和波本酒、啤酒與黑豆（Beef Chilli with Bourbon, Beer and Black Beans，**見182頁**）或爐烤豬屁股（Barbecuey Pork Butt，**見188頁**）等的完美配菜。

10 – 12人份

紫高麗菜（red cabbage）1顆（約800g），切半
蔥 4大根或6小根，修切過
紅椒 2顆，去除內膜和種籽
黃椒 1顆，去除內膜和種籽
橙椒 1顆，去除內膜和種籽
新鮮紅辣椒 1根，去籽
新鮮芫荽 1大把（約100g）
罐裝鳳梨汁 250ml
綠檸檬 2顆，最好是無蠟的
粗海鹽 1½ 大匙 ×15ml，或適量
麻油 2小匙
楓糖漿 2小匙

- 將紫高麗菜切絲，放入你擁有最大的碗。也許最好用一個超大的平底深鍋，因為稍後要將所有的材料拌在裡面，我最大的攪拌盆都不夠大。
- 將蔥切段，再縱切成絲，加入紫高麗菜絲中。
- 將所有甜椒切絲，加入紫高麗菜和蔥絲中。
- 將紅辣椒切碎，芫荽也一樣（包括莖、葉）。預留1大匙的芫荽碎，其餘全部加入紫高麗菜碗中。
- 在碗裡或量杯中，混合鳳梨汁、1顆綠檸檬的磨碎果皮和果汁，以及第2顆綠檸檬的半量果汁。撒入鹽，加入麻油和楓糖漿，攪拌混合，再倒在準備好的蔬菜上。拌勻，靜置15分鐘以上、2小時以內，再上菜。撒上預留的1大匙芫荽碎。

STORE NOTE 保存須知

立即將剩菜放入附蓋的容器內冷藏，可保存3天，但蔬菜也會變得更軟。

Cucumber, chilli and avocado salad
黃瓜、辣椒和酪梨沙拉

像可憐的貝姬夏普(Becky Sharp)*一樣，一口咬下看起來清新涼爽的綠辣椒，這道沙拉有著清爽撫慰的鮮綠色彩－濃郁飽滿的酪梨片和多汁的黃瓜－但可別小看其中參雜的兇猛辣味，再加上綠檸檬的刺激酸味，滋味更強烈。

* Becky Sharp 為 1935 年美國電影浮華世界(vanity fair)的女主角名，外表溫和看不出深藏野心。

4－6人份

黃瓜 1顆，去皮

成熟酪梨 1顆，去皮

綠辣椒 1根，去籽(想要的話)切碎

切碎的新鮮芫荽 4大匙 ×15ml

磨碎的綠檸檬果皮和果汁 1顆，最好是無蠟的

特級初搾橄欖油 2大匙 ×15ml

粗海鹽適量

○ 黃瓜縱切對半，用小湯匙挖出種籽。再切成2公分的小塊，倒入碗裡。

○ 將酪梨切成與黃瓜相同尺寸，加入碗裡，再加入辣椒、切碎的芫荽、綠檸檬果皮和果汁、油和海鹽。

○ 輕柔但徹底地拌勻，倒入上菜的盤子裡。

Potato and pepper bake
焗烤馬鈴薯和甜椒

我使用罐裝炙烤甜椒，但不覺得需要為此致歉。我並非直接享用，而是當作一種極有用的材料，如同本書與之前的作品所示範的。請記得選擇油漬而非鹽水浸泡的種類。馬鈴薯在油裡比較接近燉而非爐烤，部分會變得酥脆，但大部分只會在香甜的甜椒湯汁中軟化，而變得濃郁。

8 – 10 人份

蠟質馬鈴薯 2kg（如 Cyprus 品種）
油漬炙烤甜椒 2 罐 ×290g
芫荽籽 2 大匙 ×15ml

- 將烤箱預熱到 220°C /gas mark 7。
- 馬鈴薯去皮，切成 2.5 公分的厚片，再切成 4 等份（小片則切半），放入大型淺烤盤中。
- 將罐裝甜椒及裡面的油，全部倒在馬鈴薯上。甜椒應已是小條狀，不是的話，再用剪刀剪小。加入芫荽籽拌勻，送入烤箱烘烤 1 小時，使馬鈴薯內部變軟，外表呈金黃色但並非酥脆（邊緣除外）。
- 用漏杓，將馬鈴薯移到溫熱過的大碗內（將油瀝回烤盤），立即上菜，或是靜置 15 – 45 分鐘，因為溫熱的吃，也非常美味。

MAKE AHEAD NOTE 事先準備須知	STORE NOTE 保存須知
馬鈴薯削皮切片後，浸泡在一碗冷水中，覆蓋冷藏最多保存 1 天。使用前瀝水再拍乾。	剩菜冷卻後，盡快覆蓋冷藏，可在冰箱保存 5 天。放入烤盤，用 200°C /gas mark 6 的烤箱重新加熱 20 分鐘（視份量而定）。

Criss-cross potatoes
交叉條紋烤馬鈴薯

這道食譜要感謝 Hettie Potter，她在其他許多地方亦助我良多。這可說是爐烤（roast）和烘烤（baked）馬鈴薯的綜合體：表面酥脆呈美麗的金黃色，但底下仍是鬆軟的口感。若想要外皮完全酥脆，可在烘烤前，在手上倒一點橄欖油，均勻抹在馬鈴薯外皮上。

4－8 人份

烘焙用馬鈴薯 4顆

烹調用橄欖油 2大匙 ×15ml

粗海鹽 1小匙，或適量

- 將烤箱預熱到220℃ /gas mark 7。
- 馬鈴薯縱切對半，形成高度較低的兩半。在薯肉部分，用刀子劃切間距2公分左右的菱形（不要超過3mm 的深度）。
- 切面朝下，放入淺烤盤內。澆上一點油，撒上一些粗海鹽。
- 烘烤45分鐘，直到馬鈴薯表面呈金黃色，內部柔軟。

STORE NOTE 保存須知

剩下的馬鈴薯移到盤子上冷卻，盡快覆蓋冷藏。可保存5天。

Porcini parsnip purée
牛肝蕈與防風草泥

我喜愛這道食譜，有許多原因：防風草和牛肝蕈的結合，充滿大地氣息－有木質的芳香與細緻。只需要一點點乾牛肝蕈來增加風味，其中的美味，不僅滲透在蔬菜泥中，也使料理油更為濃郁香醇，所以我會留下來，稍後做成湯麵的高湯，我堅持你也這麼做。如果蔬菜泥也有剩下的量，可將兩者混合，就可做成一道濃湯（這是大份量的食譜）。我不喜歡在蔬菜泥裡加入奶油，因為我不想要這美味清湯的純粹風味被混淆，但如果你想要的話，請自便。

這可以代替一般薯泥來搭配香腸，或其他風味濃烈的肉類一同享用。

2－3人份

乾燥牛肝蕈 3g
剛煮滾的熱水 750ml
防風草 500g，去皮
粗海鹽 1小匙或適量
新鮮現磨肉豆蔻（nutmeg）足量
百里香數支，上菜用（可省略）

- 將乾燥牛肝蕈放入平底深鍋內（要能容納稍後加入的防風草），倒入熱水，加蓋，用中－大火加熱，同時來準備防風草。
- 防風草粗的部分切成4等份，細的部分切成2等份。如果整根都很細，可縱切對半，再橫切對半，使尺寸相同。加入現在已沸騰的鍋子裡，加蓋，小火煮（simmer）15分鐘。
- 現在防風草應已變得柔軟，底下放著一個大碗或量杯來瀝乾，以保留所有煮防風草的水（約有400ml）。用叉子將乾燥牛肝蕈撈起丟棄，因為它們的風味已全部釋出了。將瀝乾的防風草，倒回留在熱爐子上的鍋子裡（不要開火），用叉子壓碎，適時適量地加入預留的防風草水，來調整濃度。我發覺它們可以吸收200ml的水分，而仍保持適度的濃稠度。水分加得越多，防風草泥就越有芳香的木質風味。
- 調味，加入一些現磨的肉豆蔻，加蓋保溫。可撒上一些百里香枝當作裝飾，不只美麗，它的芳香，也能呼應牛肝蕈與防風草泥的木質氣味。

STORE NOTE 保存須知	FREEZE NOTE 冷凍須知
剩菜冷卻後，盡快覆蓋冷藏。可在冰箱保存5天。用小型平底深鍋以小火重新加熱，不時攪拌，直到完全沸騰熱透。	放入密閉容器內，可冷凍保存3個月。放入冰箱隔夜解凍，再依照保存須知重新加熱。

Note 注意：防風草泥只能重新加熱一次。

Butternut squash with za'atar and green tahini sauce

查葛香料奶油南瓜佐綠芝麻醬

我發現，我很難不去改造一道食譜；我猜所有的廚師都是這樣。這道食譜的前身是查葛香料奶油南瓜泥－混合了百里香、鹽膚木（sumac）和芝麻的香氣－但當我澆上了下方的綠芝麻醬（Green Tahini Sauce），就再也不能滿足於先前的樸素版本了。南瓜（pumpkins）當季時，儘管用它來替換奶油南瓜。不論用哪一種，它香甜的蔬菜風味和芝麻醬的香草、大地氣息，都是令人回味無窮的組合。

8 – 10人份

奶油南瓜 1大顆（約1.5kg），去皮

烹調用橄欖油 2大匙 ×15ml

查葛香料（za'atar）* 2大匙 ×15ml

TO SERVE 上菜用：

綠芝麻醬（Green Tahini Sauce，請見253頁）

＊查葛香料（za'atar）中東香料，混合了奧勒岡、百里香、馬郁蘭、鹽膚木、烤過的芝麻及鹽。

- 將烤箱預熱到200℃ /gas mark 6。將南瓜切半、去籽，再各縱切對半，然後切成略呈三角形的小塊（比入口大小略大）。
- 將油倒入大型淺烤盤中－我用的尺寸是46×34cm，邊高為1.5公分－倒入南瓜塊，用雙手充分混合，使南瓜均勻沾裹上油。撒上查葛香料，以同樣令人愉悅的手法混合，確保每一塊南瓜都得到均勻的調味。
- 送入烤箱，爐烤45分鐘，直到南瓜變軟。烘烤南瓜的時間就像猜樂透一樣，是說不準的，從35分鐘後就可開始試熟度，必要的話，可能要烤上1小時。可以直接上菜，或是靜置10分鐘。可以澆上一些綠芝麻醬，再把剩下的醬汁另外裝碗，附上專屬湯匙，端上餐桌，供大家自行取用。

STORE NOTE 保存須知
剩菜應盡快冷卻、覆蓋冷藏（不含醬汁）。可保存5天。

Green tahini sauce

綠芝麻醬

當我製作這道醬汁，來搭配上一頁的奶油南瓜時，我加入了百里香，以呼應查葛香料（za'atar），而且加入巴西里使這道醬汁呈現綠色。但你可自由搭配喜歡的香草：我常使用一半的巴西里和一半的芫荽，有時也丟入薄荷。這和任何一種爐烤蔬菜都很搭，也可陪襯肉類或魚，而且做法極為省事，適合發懶時準備。

可做出約 500ml

芝麻醬（tahini）150g
清水 ¾ 杯（175ml）
大蒜 1 瓣，去皮，稍微切碎
綠檸檬汁 1½–2 顆
鹽適量
百里香葉 2大匙 ×15ml（4g）
巴西里 1大把（約100g）

- 將芝麻醬和水，加入食物料理機的小碗內，加入切碎的大蒜，擠入 1½ 顆的綠檸檬汁，加入 1 小撮鹽和百里香葉。
- 將巴西里的葉片摘下，捨棄莖梗部，加入食物料理機內（或用手持式電動攪拌棒），將醬汁打碎到質地滑順。
- 檢查調味，需要的話，再加入一點鹽或綠檸檬汁。

STORE NOTE 保存須知

剩下的醬汁可放入密閉容器或旋轉蓋玻璃罐內，可冷藏保存 5 天。需要的話，先攪拌再使用。

Chilli, ginger and garlic sauce
辣椒、薑和大蒜醬

我可以是很偽君子的：看到有人吃什麼東西都要蘸番茄醬，就會露出鄙視的眼神；但我自己坐到餐桌上時，手邊不能沒有一罐英格蘭芥末醬（English mustard），甚至連旅行時都要帶著它。但我個人覺得，這裡要介紹的鮮豔辣醬，比 Colman's＊ 尤擅勝場。

現在，我的冰箱裡一定有一罐這個，不管吃什麼，都要加上一點。它帶來的，是相同份量的辛辣與喜悅，以及令人上癮的危險。

＊著名的英格蘭芥末醬品牌。

可做出約 200ml

新鮮紅辣椒 100g，稍微切碎但不去籽
大蒜 2瓣，去皮
生薑 1塊10公分（50g），去皮、稍微切碎
細海鹽 1小匙或適量
葵花油 4小匙
糖 2小匙
綠檸檬汁 1顆

- 將所有材料放入碗裡，用手持式電動攪拌棒打成泥狀（也可使用食物料理機）。
- 靜置15分鐘再使用，因為剛做好時充滿泡沫，需要一會兒才會平復。風味在靜置之後，似乎變得更加濃郁，成為你冰箱裡的一盞明燈。

STORE NOTE 保存須知	FREEZE NOTE 冷凍須知
剩下的冷卻醬汁，可放入密閉容器或旋轉蓋玻璃罐內，可冷藏保存2周。	放入密閉容器內，可冷凍保存3個月。放入冰箱隔夜解凍，在2日內使用完畢。

Caramelized garlic yogurt sauce
焦糖大蒜優格醬

也許是年紀到了，我發現生大蒜對我的吸引力越來越小。我覺得它的辛辣口味，在經過烤箱高溫烘烤後，變得更含蓄，還增添了一股滑順的香甜，更能吸引我。又何況，把一整顆的大蒜用鋁箔紙包起來，丟進烤箱烘烤，算什麼難事呢？

我在這裡給的指示，是讓大蒜以較高的溫度，在較短的時間內焦糖化，但實際上，只要是烤箱剛好開著的時候，我就會順手烤上幾顆大蒜，並因應當時的溫度來調整時間，這樣我的冰箱裡就隨時有備貨（放入密閉容器或用鋁箔紙包好，可保存一周）。爐烤大蒜一點都不費事，只需檢查大蒜是否烤得夠軟，釋放出香甜風味，冷卻後，便可直接擠入濃郁鮮酸的優格裡。

可用來搭配烤箱版本的雞肉沙威瑪（Oven-Cooked Chicken Shawarma，**見157頁**），可用來取代芝麻醬優格醬汁（tahini yogurt sauce）。或是順便放在餐桌上，不管是爐烤羊肉和蔬菜時來搭配。和烘烤馬鈴薯一起享用，也非常美味。

可做出約 450ml

大蒜 1整顆，不分瓣、不去皮

希臘優格（Greek yogurt）400g

粗海鹽 1小匙，或適量

- 將烤箱加熱到220°C／gas mark 7。將大蒜頂端切除，露出一點蒜瓣即可。取出一張鋁箔紙，將大蒜放在中央，將四端往上收緊，形成內部寬鬆但封口緊密的包裹。用烤箱烘烤45分鐘，使頂端的蒜瓣焦糖化，整顆大蒜感覺柔軟。靜置冷卻。
- 將蒜瓣擠到碗裡，形成古銅色的蒜泥。
- 舀入優格和鹽，攪拌混合。如果你要現在加香草，沒人會阻止你，但我寧願它保持原味有趣的狀態。
- 分裝到個人碗中，上菜。

STORE NOTE 保存須知
剩下的醬汁可冷藏保存3天。

Quick gherkins
快速醃黃瓜

這就是我開始狂熱地醃製食品的起源。它甚至算不上是醃菜，只能說是風味較活潑的沙拉罷了。但我是用吃醃黃瓜的方式，來享用這些酸味黃瓜的。而且我更喜歡它們，因為味道更新鮮（事實也是如此），口感更爽脆，沒有刺鼻的酸味。如果可能，請盡量選購黎巴嫩小黃瓜（Lebanese cucumbers），口感和風味更佳，雖然用一般的黃瓜做，效果也不錯。另外，我知道使用兩種醋，也許並非必要，而且巴薩米可白醋不是特別棒的東西（我家裡剛好有，而且兒子喜歡，這是我的藉口），但這兩者組合的效果很好，所以我就沿用了。我敢說，你想的話也可只用米醋，只要把份量加多一些，再加點糖即可。

6 – 8 人份

黎巴嫩小黃瓜（Lebanese cucumbers）375–400g

芫荽籽（coriander seeds）1小匙

粗海鹽 1小匙

粗磨白胡椒足量

米醋 2大匙 ×15ml

巴撒米可白醋（white balsamic vinegar）2小匙

新鮮蒔蘿葉（dill leaves）2大匙 ×15ml，外加上菜的量

- 用蔬菜削皮刀，將黃瓜外皮間隔削下，使黃瓜外觀呈條紋狀。縱切成條狀，放入非金屬的淺碗中（能容納全部黃瓜單層鋪放）。加入剩下的材料。
- 用保鮮膜覆蓋，搖晃一下，使所有黃瓜均勻調味。現在看起來液體似乎很少，但靜置後黃瓜會出水，使本身的風味和香料醋完美融合。靜置20分鐘以上再上菜。

STORE NOTE 保存須知

醃黃瓜以密封玻璃罐冷藏，可保存1周。

Thai pickled peppers
泰式醃辣椒

造訪泰國時，每次吃飯，桌上都會搭配這樣的1罐醃辣椒。我現在也是一樣，也就是說，它的用途不限於泰國菜。如你所見，這道食譜並不難：只不過是把辣椒切片後，放入醋裡醃而已。一般的原則似乎是1份切碎辣椒，應對上2份的醋（依體積而非重量來算）。如此一來，喜歡辣味醋的人有得吃，想將醋汁瀝乾再吃辣椒的人（就是我）也開心。你不需要做出以下的大份量：手邊有多少辣椒，就拿來全部切碎，放入量杯裡，再以兩倍的體積估算出所需的醋。

可做出約 500ml

新鮮紅辣椒（非朝天椒 bird's eye）¾ 杯（75g）

米醋 1½ 杯（325ml）

醃菜用玻璃罐或類似尺寸可再封口的玻璃罐，蓋子要耐醋，1罐 ×500ml

- 辣椒切薄片，放入玻璃罐中（事實上，我第一次做時，用的是清洗乾淨的能多益 Nutella 空罐），倒入醋。轉緊蓋子密封，放入冰箱48小時再使用。

STORE NOTE 保存須知

保存在密封玻璃罐的醃辣椒，可在冰箱冷藏1個月。

Quick-pickled carrots

快速醃胡蘿蔔

我的看法是這樣：如果連我都可以拿出耐心，將胡蘿蔔切絲，就沒有人做不到。我猜，醃漬食物的秘訣－和製作果醬一樣－在於一次只做小份量。經驗告訴我，若是一次做了許多罐醃菜，就會有壓力要趕緊分送出去，逼親朋好友收下。如果像我一樣，只做一罐，你就會在這1個月內懷著感恩的心，把它端上餐桌，為食物增添爽脆口感和一絲刺激風味。在這樣細緻的醃菜搭配之下，幾乎沒有什麼食物，不會因此添輝生色的。

可做出約500ml

胡蘿蔔 2大根（共約250g），去皮

蘋果酒醋或白酒醋 ¾ 杯（175ml）

冷水 ¾ 杯（175ml）

流質蜂蜜 2大匙 ×15ml

粗海鹽 2小匙

月桂葉 2片

芥末籽（mustard seeds）1小匙

茴香籽（fennel seeds）1小匙

小豆蔻莢（cardamom pods）4個

醃菜用玻璃罐或類似尺寸可再封口的玻璃罐，
蓋子要耐醋，1罐 ×500ml

- 胡蘿蔔削皮切絲，放入非金屬碗或罐中。接著準備醃汁。
- 將醋、水、蜂蜜、鹽、月桂葉、芥末籽和茴香籽，加入一個平底深鍋內。將小豆蔻莢壓碎，一起加入。加熱到沸騰後離火，攪拌到鹽完全溶解。倒在胡蘿蔔上，靜置1小時到回復室溫，放入冰箱冷藏約1小時後再使用。

STORE NOTE 保存須知

保存在密封玻璃罐的醃胡蘿蔔，可在冰箱冷藏1個月。

8 CUPS
6
4
2 QTS.
1 1/2 QTS.
1 QT.

Quick-pickled beetroot with nigella seeds
快速醃甜菜根和奈潔拉籽

我曾經以為，唯一能讓我吃下甜菜根的方法是生吃，但這道口味溫和、帶有薑味的醃菜，能治癒所有受到小學營養午餐荼毒，因而憎惡甜菜根的人。香甜而含有一絲刺激酸味，它是香腸的完美配菜（尤其是做成香腸三明治），也適合搭配深色的濃郁燉肉。另外，我也建議你將這深紅色的甜菜根絲撈出後，加入新鮮蒔蘿裡拌勻，就是色彩鮮豔的一道小沙拉。

如果買不到薑汁糖漿，可直接使用罐裝醃薑裡的糖漿。

可做出約 500ml

生甜菜根 4小顆（共約250g），去皮

蘋果酒醋或白酒醋 ¾ 杯（175ml）

冷水 ¾ 杯（175ml）

薑汁糖漿（ginger syrup）或1罐**醃薑**（preserved ginger）中的糖漿3大匙 ×15ml

粗海鹽 2小匙

月桂葉 2片

奈潔拉籽 2小匙

醃菜用玻璃罐或類似尺寸可再封口的玻璃罐，蓋子要耐醋，1罐 ×500ml

- 帶上可拋棄式的乙烯基 CSI 手套－否則你的雙手會被染得很紅－將甜菜根切成薄片、再切絲，這個步驟也許有些單調，但並不困難，而且份量不會多到你想開始抱怨。放入非金屬碗或罐中。接著準備醃汁。

- 將剩下的材料，加入一個小型平底深鍋內，加熱到沸騰。離火，攪拌到鹽完全溶解。倒在準備好的甜菜根上，靜置到回復室溫，覆蓋冷藏約 1 小時－或直到變冷－再使用，或留在玻璃罐中，可保存 1 個月。

STORE NOTE 保存須知

保存在密封玻璃罐的醃甜菜根，可在冰箱冷藏 1 個月。

Sushi pickled ginger
壽司醃薑

誰知道有一天我會親手做壽司醃薑呢？但現在的我，是會把面前的所有食物，都嘗試醃漬起來的人，所以這大概也不奇怪。畢竟從本書裡，你也可看出我是很喜歡薑的。雖然我並不自己做壽司（我還沒打算，但誰知道呢？世事難料呀），但這道辛辣醃菜，也很適合搭配一片炙烤魚肉或雞肉，或是脂肪豐富的烤豬肉。

這裡的甜菜根，只是用來增添美麗的色澤；味道並不明顯。想要的話，可以省略，但我是做不到的。

可做出約 250ml

生薑 125g，去皮

細海鹽 1 小匙

米醋 ½ 杯（120ml）

清水 ¼ 杯（60ml）

細砂糖 ¼ 杯（55g）

生甜菜根 1 小塊（5g）

醃菜用玻璃罐或類似尺寸可再封口的玻璃罐，蓋子要耐醋，1 罐 ×250ml

- 用蔬菜削皮刀將薑削成薄片，移入碗中，撒上鹽，混合均勻。靜置 30 分鐘，使生薑出水。
- 30 分鐘後，將多餘的薑汁擠出丟棄。將薑片移入玻璃罐中。
- 將 ¼ 杯（60ml）的米醋、水、糖和甜菜根（使用的話），加入一個小型平底深鍋內，以中火加熱，直到糖完全溶解。轉成大火，滾煮 1 分鐘。
- 倒在準備好的薑片上，靜置到冷卻。
- 取出甜菜根，加入剩下的 ¼ 杯（60ml）醋，攪拌混合，轉緊蓋子密封。冷藏 24 小時以上，使風味有時間醞釀，再使用。

STORE NOTE 保存須知

保存在密封玻璃罐的醃薑，可在冰箱冷藏 1 個月。

Pink-pickled eggs
醃粉紅蛋

我年輕的時候，曾為了打賭（賭金不少），吃下一整罐的酸味醃蛋；並未使我因此卻步。這道食譜卻是另一種境界。雖然看起來像1960年代的布料花色，但嚐起來和外表一樣美麗。但我並非一心說服，那些本來就討厭醃蛋的人。

這裡的醃製技巧，不是甚麼新的發明，而是傳統的德國配方，由懶惰的我，為了大家的福利而加以簡化。

如果一次醃不了18顆蛋，我還是會用相同份量的醃汁，但使用小一點的玻璃罐；重點是，醃汁要注滿玻璃罐才行。

可做出18顆粉紅蛋

生甜菜根75g，去皮

紅洋蔥1顆

粗海鹽3大匙×15ml

糖3大匙×15ml

冷水500ml

紅酒醋500ml，外加稍後補加的量

雞蛋18顆

冰塊1把，冷卻雞蛋用

醃菜用玻璃罐或類似尺寸可再封口的玻璃罐，蓋子要耐醋，1罐×1.5公升

- 將甜菜根切小丁，丟入平底深鍋中。
- 將未去皮的洋蔥切半、再切絲，連皮全部丟入鍋裡。
- 加入鹽、糖、水和醋，加熱到沸騰，滾煮1分鐘，離火。置於陰涼處入味1天。
- 另取一個平底深鍋，放入所有的雞蛋，注入冷水淹沒，加熱到沸騰。以微滾狀態，煮7分鐘。將鍋子拿到流理台瀝乾，再用冷水沖洗，使雞蛋降溫到不燙手。將雞蛋移到大碗裡，注入冷水淹沒，再加入一把冰塊（可能的話）幫助快速降溫。如果降溫不夠快，蛋黃周圍常會出現灰色環狀。
- 不要讓雞蛋在冰水中浸泡超過8分鐘（否則不易剝殼），進行剝殼，放入玻璃罐中。將甜菜根和洋蔥汁過濾到量杯中，再澆在雞蛋上。現在加入足量的紅酒醋（我用了約200ml），注滿玻璃罐，轉緊蓋子密封，放入冰箱冷藏4天再享用，同時每隔一段固定的時間，將醃蛋上下翻轉。

STORE NOTE 保存須知

保存在密封玻璃罐的醃蛋，可在冰箱冷藏1個月。

SWEET
嚐點甜

SWEET
嚐點甜

我很愛烘焙，這不是甚麼秘密。將蛋糕無中生有，總是令我感到寧靜安適，這種心情與感受，也是這本書的中心精神。

奇怪的是，我並非十分喜愛蛋糕的人。別緊張：我只是說，我並非嗜甜如命；因此，我反而對自己製作與享用的蛋糕、餅乾等，更加挑剔。不是只要有糖就好：風味要令我印象深刻，使我忘卻世俗煩憂；簡而言之，必須是種特殊的享受。我不會每天都製作甜點，但只要有朋友來吃飯，最後一定會端上一些甜的東西。當然，不想吃糖的人不是非吃不可。烹飪，是為了使人飽足，以及提供愉悅的感受：蛋糕不是補充精力的必需品，如果對某人來說，無法從蛋糕中獲得樂趣，他也不應該因為拒絕了這道食物，而覺得有所虧欠。

但是理想的人生應是均衡的，我們應當了解，不同的日子需要不同的飲食方式。完全背棄甜食的生活，不見得平衡，反而充滿了緊張，而且容易變得執迷，這不是我想要的生活。不過，這並非本書要探討的主題。我注意到，家裡總是有許多巧克力和冰淇淋的我，日常還烘焙蛋糕、餅乾等，在甜品圍繞之下，反而能過著穩定、平靜的生活；而我那些老說著甜食多壞的朋友，到我家的時候，總是把盤子上的蛋糕或冰淇淋，吃得一乾二淨。

我也要聲明一點，這裡沒有所謂的“無糖”甜點，因為所有嚐起來甜的東西，都是用糖做的。譬如，用龍舌蘭糖漿（agave syrup）做的蛋糕，並非『無糖』，雖然時下人們可能如此相信。不知道為什麼，常有人向我要減肥低糖甜點食譜，我總是回答：那就不要吃甜點。我不會為了以下的食物含有糖分而道歉：這是生活的一部分，而且是人類社會舉行慶祝儀式的核心部分，我很樂意尊重這樣的傳統。如果你不贊同，就別往下看了。

以下的蛋糕食譜，不少是無麥麩（gluten-free）或無奶（dairy-free）配方（或兩者皆是）。每次我請朋友過來，都會有人屬於這兩種陣營，既然我邀請了人家，當然希望他們受到歡迎，自然不會煮他們不能吃的東西。我不是要提倡什麼健康主張，也沒有這樣的立場－我總是記得已故的 Marina Keegan 身為乳糜瀉（coeliac）* 患者的煩惱，以及她對好萊塢瘋狂追求無麥麩飲食的看法－但我絕對能見證這些食譜的美味。如果能讓更多人嚐到它們的美味，我會更開心。

但你也可看到，我不會在以下的食譜中設限。我在烘焙過程中感受到的喜悅，也就是享用時所感到的愉悅。不管用什麼材料，目標都是一致的：賦予喜悅，對食客及廚師都一樣，否則，我們的生命和人類的幸福，在這小小但基本的領域，就會相形失色。

* 乳糜瀉（coeliac）因自體免疫問題而對小麥、大麥或黑麥所含的麩質過敏。

Apricot almond cake with rosewater and cardamom

玫瑰水與小豆蔻的杏桃杏仁蛋糕

這就是我理想中的完美蛋糕：簡單、美麗、芳香而迷人。我從 How To Eat 一書中的小柑橘蛋糕（clementine cake）開始，便不斷製作這種蛋糕，雖然形式不盡相同，現在，懷抱著一種鎮定而又興奮的心情，我感覺到這可能就是顛峰之作了。它的做法，簡單到你一定會想嘗試，雖然原料具有美妙的詩意，但成品卻不會被一千零一夜般的濃郁香味所掩蓋。玫瑰水是有點麻煩的：放一點點，引出異國風味的遐想；要是多了那麼一點點，可能就會進入泡泡浴的國度。

它的作法簡單，原因之一是，所有的材料都可丟進食物料理機內。如果沒有，就把準備好的杏桃乾和小豆蔻莢籽切得很碎，再和剩下的蛋糕材料攪拌混合。

可切成 8 – 10 片

『立即可食』杏桃乾（dried apricots）150g

冷水 250ml

小豆蔻莢（cardamom pods）2 根，壓碎

杏仁粉 200g

細粒玉米粉（fine polenta，非即食）50g

泡打粉 1 小匙（需要的話可使用無麥麩的種類）

細砂糖 150g

雞蛋 6 大顆

黃檸檬汁 2 小匙

玫瑰水（rosewater）1 小匙

不沾噴霧油罐或葵花油，抹油用

裝飾用：

玫瑰花瓣或杏桃果醬 2 小匙

黃檸檬汁 1 小匙

切得非常碎的開心果 2½ 小匙

直徑 20 公分的圓形活動式蛋糕模

- 將杏桃乾放入 1 個小型平底深鍋，加入冷水淹沒，加入壓碎的小豆蔻莢與芳香的種籽。開火加熱到沸騰，滾煮 10 分鐘－不要走開太久，因為 10 分鐘快到時，鍋子裡的水也會將近消失，必須確保水分足夠，因為杏桃在冷卻過程中，會吸收更多的水分。
- 鍋子離火，放在冷的耐熱表面，讓杏桃冷卻。
- 烤箱預熱到 180°C / gas mark 4。將活動蛋糕模的內緣抹上油，底部鋪上烘焙紙。

- 取出5顆杏桃乾，撕半後備用。將空的小豆蔻莢取出丟棄，種籽仍留在鍋中。
- 將鍋內材料倒入食物料理機的碗內，周圍沾黏部分也一併刮入。加入杏仁粉、細粒玉米粉、泡打粉、細砂糖和雞蛋，打開機器，充分攪拌混合。
- 打開處理機的蓋子，刮入周圍的麵糊，加入2小匙的黃檸檬汁和玫瑰水，再度啓動開關攪拌，然後全部刮入準備好的蛋糕模中，用刮刀將表面弄平滑。將撕半的杏桃裝飾在周圍。
- 烘烤40分鐘，過了30分鐘之後檢查一下，如果蛋糕上色許多，最好用鋁箔紙稍微覆蓋。烤好時，蛋糕的邊緣會脫模，表面摸起來結實，蛋糕探針插入再取出後只有少許濕潤蛋糕屑沾黏。
- 將蛋糕移到網架上。若要用杏桃果醬裝飾，最好先溫熱過，以方便抹勻。玫瑰花瓣果醬本已柔軟濕潤，應不需要特別處理。在果醬裡加入1小匙黃檸檬汁攪拌混合，再刷在蛋糕上，撒上切碎的開心果，讓蛋糕連同模型冷卻後，再脫模移到盤子上。

STORE NOTE 保存須知	FREEZE NOTE 冷凍須知
放入密閉容器內，置於陰涼處，可保存5－7天。在天氣炎熱（或中央暖氣開放）時，放入冰箱保存。	蛋糕可事先製作，冷凍保存3個月（堅果在解凍後可能會變軟）。將完全冷卻的蛋糕（帶模），用雙層保鮮膜和一層鋁箔紙，緊密包覆。解凍時，打開包覆，帶模移到盤子上，室溫解凍約4小時。

Warm raspberry and lemon cake
溫熱覆盆子和黃檸檬蛋糕

這道食譜的前身，比較接近傳統的英國蛋糕，而非 Kitchen 一書裡的柑橘果醬布丁蛋糕 Marmalade Pudding Cake，但我更喜歡這裡的版本：有杏仁的香甜與細粒玉米粉的柔軟酥脆感。無奶、無麥麩，所以能迎合更多人的喜好。若要比較傳統的蛋糕風味，可使用200g 軟化的無鹽奶油（外加抹油的量），加入糖和磨碎的黃檸檬果皮一起打發，並且以225g 的麵粉來取代杏仁和細粒玉米粉。你也需要4顆雞蛋，而非3顆，而且我會建議一起溫熱黃檸檬汁和2小匙蜂蜜加在表面，因為麵粉不會像杏仁以及細粒玉米粉那麼甜。

無論如何，這款蛋糕冷食熱食都很美味，我比較喜歡剛出爐時，香氣與風味融合的滋味。冷著吃，可分切成手指狀，優雅地配著一杯茶享用，整塊蛋糕能夠分成更多份量。

我指定冷凍覆盆子而非新鮮的，因為烘焙時不易變得軟爛。但不管怎樣，經過烘焙，水果一定會塌陷一些，所以不用太在意。

可做出 9 塊或 18 條手指狀

風味淡的橄欖油（light olive oil）150ml ，外加抹油的量

無蠟黃檸檬的磨碎果皮和果汁 1顆

細砂糖 125g

杏仁粉 150g

細粒玉米粉（fine polenta，非即食）75g

小蘇打粉 ½ 小匙

泡打粉 1小匙（需要的話可使用無麥麩的種類）

雞蛋 3大顆

冷凍覆盆子 150g（不解凍）

邊長20公分的方形蛋糕模 1個

- 將烤箱預熱到180℃ /gas mark 4，用一點橄欖油將蛋糕模抹上油。
- 將油和磨碎的黃檸檬果皮攪拌混合（果汁備用），加入糖，再攪拌混和。可用直立式電動攪拌機或直接用雙手加木杓，也可將所有的材料（不含覆盆子），用食物料理機攪拌混合。
- 在另一個碗裡，混合杏仁粉、細粒玉米粉、小蘇打粉和泡打粉，用叉子混合均勻。取出1湯匙，加入混合好的油和糖中，同時不斷攪拌，再加入1顆雞蛋，接著加入三分之一的混合杏仁和細粒玉米粉，依照這樣的順序，將所有的混合杏仁粉和細粒玉米粉用完，蛋也加入混合，麵糊變得光滑帶有陽光般的金黃色。

- 無論用食物料理機、直立式電動攪拌機，或是碗和木杓來混合麵糊，現在都改用雙手以木杓輕柔拌入冷凍覆盆子。將麵糊舀入準備好的蛋糕模中，將表面抹平。烘焙40分鐘，直到蛋糕邊緣脫模，表面上色，蛋糕探針插入後取出只有少許淡黃色蛋糕屑沾黏（這款蛋糕質地較為濕潤）。
- 蛋糕一從烤箱取出，便在表面倒上或刷上黃檸檬汁，靜置到溫熱狀態（而非剛從烤箱取出的熱燙狀態），再行享用。

STORE NOTE 保存須知	FREEZE NOTE 冷凍須知
放入密閉容器內，置於陰涼處可保存2天，或冷藏保存5天。天氣炎熱時，放入冰箱保存。	剩下的蛋糕可放入密閉容器內，冷凍保存3個月。放入冰箱隔夜解凍，或室溫解凍2－3小時。

Liquorice and blackcurrant chocolate cake
甘草和黑醋栗巧克力蛋糕

只要含有甘草的食譜，基本上就會讓人非愛即恨。我寫過對甘草的愛意，也明白還有更多勸服大衆的空間。第336頁的免攪拌黑醋栗冰淇淋和甘草漣漪（No-Churn Blackcurrant Ice Cream with Liquorice），只有死忠的甘草信徒能夠接受，但這款蛋糕口味較為溫和，也許還能引誘那些對甘草持有保留態度的人。巧克力似乎能夠軟化甘草的深色濃郁，口味強烈的黑醋栗是傳統的搭配材料，也非常合宜；的確，這款蛋糕的靈感，來自我童年對黑醋栗和甘草甜食的終生熱愛。特別尋訪黑醋栗來裝飾蛋糕表面是值得的：它們不只是裝飾而已。我自己必須要從一整袋的冷凍綜合莓果裡，將它們挑出來解凍，但真的值得。

我用的是Lakrids牌的甘草粉（Fine Liquorice Powder），如果你用的是生甘草粉（raw liquorice powder），將分量減少到3小匙（用在蛋糕裡）與¾小匙（用在表面糖霜上）。重點是，甘草味不應太過強烈，而是在入口後帶來一股含蓄的餘韻。依照以下的份量，公開討厭甘草的人，其實喜歡這個蛋糕；本來就喜歡甘草的人，當然更是愛不釋手。

對了，雖然這款蛋糕是無奶（dairy-free），你可自行將杏仁奶替換成低脂鮮奶（semi-skimmed milk）。另外，當巧克力含有70%以上的可可固形物（cocoa solids）時，應該就屬無奶產品，但仍可能含有些微牛奶，必要的話，請仔細查看包裝說明。

可切成8 – 12片

蛋糕：

中筋麵粉 225g

細砂糖 275g

可可粉（cocoa）75g

泡打粉 2小匙

小蘇打粉 1小匙

甘草粉（fine liquorice powder，見前言）4小匙

杏仁奶（almond milk）175ml

葵花油 175ml，外加抹油的量

雞蛋 2大顆

剛煮滾的熱水 250ml

上等黑醋栗果醬 200g

表面糖霜：

剛煮滾的熱水 2大匙 ×15ml

甘草粉（fine liquorice powder，見前言）1小匙

黃金糖漿（golden syrup）75g（¼杯），測量前先將杯子抹上油

黑巧克力 100g（可可固形物70%以上），切得極碎（見前言）

裝飾：

黑醋栗（backcurrants）100–125g（可省略；見前言）

淺圓模（sandwich tins）20公分 ×2個（非底部可脫離的那種）

○ 將烤箱預熱到180°C /gas mark 4。在淺圓模內抹上油（不要用底部可脫離的那種，因為麵糊會很濕），鋪上烘焙紙。

○ 量出麵粉、糖、可可粉、泡打粉、小蘇打粉和甘草粉，加入大攪拌盆內，用叉子攪拌混合，將所有結塊打散。

○ 將杏仁奶、油和雞蛋加入量杯內，攪拌混合。一邊攪拌，一邊倒入混合麵粉中。持續不斷攪拌（想要的話，可以換成木杓）。現在加入滾水攪拌，充分攪拌混合之後，平均分配到2個淺圓模中。份量剛剛好，請勿擔心。

○ 小心地將蛋糕送入烤箱，烘烤約25分鐘，直到邊緣稍微脫模，摸起來結實，蛋糕探針插入取出不沾黏。因為質地濕潤，也許會有一點蛋糕屑沾黏，但絕不應殘留任何麵糊。

○ 烤好後，將蛋糕（不脫模）放在網架上冷卻10分鐘，然後小心脫模到網架上－應能輕易脫模，但蛋糕質地柔軟，所以請小心－撕去烘焙紙，靜置冷卻。

○ 冷卻後，將1塊蛋糕放在盤子上（平坦的那面朝上）。抹上黑醋栗果醬，放上另一塊蛋糕（平坦的那面朝下）。

○ 製作表面糖霜：將熱水和甘草粉放入小鍋子中，攪拌混合，使甘草粉溶解，再加入黃金糖漿，加熱到沸騰。一但開始冒泡便關火（但不要移動鍋子），加入切碎的黑巧克力。將鍋子晃動一下，確保巧克力完全淹沒，開始融化，靜置不到1分鐘，攪拌到形成質地光滑的糖霜。倒在蛋糕表面的中央，用小型刮刀（spatula）推勻到周圍，讓邊緣有些許滴落的痕跡。

○ 想要的話，放上黑醋栗，確保（如果是冷凍的）完全解凍瀝乾。如果要放上黑醋栗等裝飾，動作要快，因為糖霜會很快凝固。

STORE NOTE 保存須知	FREEZE NOTE 冷凍須知
放入密閉容器內（或置於玻璃蛋糕蓋內），在陰涼處可以室溫保存5天。	蛋糕可事先製作後加以冷凍（不含糖霜）。當蛋糕冷卻後，非常小心地將這兩層蛋糕用雙層保鮮膜和一層鋁箔紙包裹起來。可冷凍保存3個月。解凍時，解開包裝，放在網架上回復室溫2－3小時。

Dark and sumptuous chocolate cake
深色絕美巧克力蛋糕

這款蛋糕，它令我驚異，它令我感動，我幾乎說不出別的話來了。

容我解釋一下：我從來沒想到會對一個純素（vegan）的巧克力蛋糕，感到這麼多的興奮與喜悅。這不是出自偏見，而是基於過去的經驗所形成的判斷（重點在『過去』一詞上）。

我首次製作，是為了宴請一桌吃素的好友－感謝廚房團隊裡的 Caroline Stearns 提供食譜－現在即使沒有飲食限制上的考量，我也會選擇它當作宴客時的巧克力蛋糕，我甚至不需特別說明這是純素的版本。不需要任何解釋：只需端上蛋糕即可。除此之外，做法也超級簡單。

我的版本裡，在蛋糕裡有椰子油，糖霜裡有椰脂（coconut butter），但是想要的話，可在蛋糕裡使用蔬菜油，在糖霜裡用素奶油（vegan margarine）。但若遵照材料單上的要求，做出來的蛋糕和糖霜，富有深度與綿滑口感，所以我不願加以調整。雖然我知道要買齊材料並不容易，但是一旦嚐過，你一定也會同意，像這樣美味的蛋糕，在備料上要怎麼嚴苛都行吧。此外，之後在廚房裡的工作，一點也不麻煩，只不過是攪拌一下而已。不用拿出電動攪拌機，不用搬重物：這是簡單的碗和木杓食譜。在使用前，椰子油和椰脂都需回復室溫數小時。我通常在製作前的一晚將它們取出，方便第二天的測量。

請查看你購買的巧克力包裝，無論如何，必須是黑巧克力（可可固形物70% 以上），如果你需要確保無奶（dairy-free）或純素（vegan），請確認包裝上的說明。

我討厭純素蛋糕給人的平庸聯想，所以特別撒上玫瑰花瓣和切碎的開心果來裝飾，慶祝一下。

可切出 10 － 12 片

糖霜：

冷水 60ml

椰脂（coconut butter）75g（非椰子油）

黑糖（soft dark sugar）50g

即溶義式濃縮咖啡 1½ 小匙

可可粉（cocoa）1½ 大匙 ×15ml

黑巧克力（可可固形物70% 以上，見前言）150g，切碎

蛋糕：

中筋麵粉 225g

小蘇打粉 1½ 小匙

細海鹽 ½ 小匙

即溶義式濃縮咖啡 1½ 小匙

可可粉 75g

淡黑糖（soft dark brown sugar）300g

剛煮滾的熱水 375ml

椰子油（coconut oil）90ml（若在固態時測量為75g）

蘋果酒醋或白酒醋 1½ 小匙

可食玫瑰花瓣 1 大匙 ×15ml

切碎的開心果 1 大匙 ×15ml

直徑 20 公分的圓形活動蛋糕模 1 個

- 先開始製作糖霜，同時將烤箱預熱到180°C /gas mark 4，並放入1個烤盤。將所有的糖霜材料（切碎的巧克力除外），放入一個底部厚實的平底深鍋中，加熱到沸騰，確認所有材料完全溶解。關火，但不要移動鍋子，快速加入切碎的巧克力，將鍋子晃動一下，確保巧克力完全淹沒，開始融化，靜置不到1分鐘，攪拌到形成質地光滑的深色糖霜。靜置冷卻（剛好約是蛋糕做好並冷卻的時間）。期間不時用刮刀（spatula）將糖霜攪拌一下。
- 在活動蛋糕模底部鋪上烘焙紙（要用品質佳、防漏溢的，因為這是濕麵糊）。
- 將麵粉、小蘇打粉、鹽、即溶咖啡和可可粉加入碗中，用叉子混合。
- 將糖、水、椰子油和醋混合，直到椰子油融化，加入混合麵粉中，攪拌均勻，倒入準備好的蛋糕模內，烘焙35分鐘。請在過了30分鐘後，便開始檢查是否烤熟。烤好時，蛋糕邊緣會稍微脫模，蛋糕探針插入取出時，只有些微蛋糕屑沾黏。這是質地濕潤的蛋糕（fudgy），所以不要烤過頭。
- 蛋糕烤好後，不脫模，移到網架上冷卻。
- 回到糖霜部分，用刮刀攪拌一下，確認質地適當：要有一定的流動性，才能抹勻在蛋糕上，但也要夠濃稠，才不會從表面流下來（大部分）。將蛋糕脫模，澆上糖霜，需要的話，用刮刀推勻到周圍。若要加以裝飾，就趁現在。開心地撒上玫瑰花瓣、切碎的開心果，以及其他你喜歡的配料吧。否則，就讓它閃耀著那深色、迷人的光澤。靜置30分鐘，使糖霜凝固再分切。

STORE NOTE 保存須知	FREEZE NOTE 冷凍須知
放入密閉容器內（或置於玻璃蛋糕蓋內），在陰涼處可以室溫保存5天。	蛋糕可事先製作後加以冷凍（不含糖霜）。當蛋糕冷卻後，非常小心地將蛋糕用雙層保鮮膜和一層鋁箔紙包裹起來。可冷凍保存3個月。解凍時，解開包裝，放在網架上回復室溫3 – 4小時。

Thyme and lemon bundt cake
百里香和黃檸檬邦特蛋糕

我喜愛百里香，常不加控制地用在料理上。我想做一個蛋糕，完全以此為主要風味，而非只是裝飾而已。有了迷迭香蛋糕的經驗（見 Feast 一書），我確信這一定可行。確實如此。不用擔心加在麵糊裡百里香的份量，不會太多的，只是剛好迷人而已。

材料單列出的是白脫鮮奶（buttermilk），但你可改用流質原味優格（runny plain yogurt）。或是更簡單的方法，自己製作（我的臨時備案）：在250ml 的低脂鮮奶（semi-skimmed milk）裡，加入 1 大匙的黃檸檬汁（這道食譜反正需要黃檸檬；否則，亦可用白酒醋或蘋果酒醋代替），靜置20分鐘，使用前再攪拌一下。

請注意：即使蛋糕看起來充分上色、似乎已經烤好，一定要確認，空心處周圍的蛋糕完全烤熟。否則，不只不易脫模，一旦切下，就會發現蛋糕根本還未烤熟，令人失望。

沒有邦特蛋糕模（bundt tin），可使用20公分的方形蛋糕模（高度約為5.5公分）。做出來的蛋糕很高，幾乎是模型的高度，在以下的烤箱溫度中，約需 1 小時至 1 小時 20分鐘（取出前，請確認中央部分完全烤熟）。

可切出 10 – 14 片

中筋麵粉 450g

泡打粉 ¾ 小匙

小蘇打粉 ¾ 小匙

軟化的無鹽奶油 200g

無蠟黃檸檬 2 顆

新鮮百里香（thyme）1 小把

細砂糖 250g

雞蛋 3 大顆

白脫鮮奶（buttermilk，見前言）250ml

糖粉（icing sugar）120g

不沾噴霧油罐（或葵花油和麵粉），抹油用

邦特蛋糕模（bundt tin）容量2.5公升（1×10 杯），或方形蛋糕模 1 個（長20公分、深約5.5公分）

- 將烤箱預熱到 170°C /gas mark 3，同時放入一個烤盤。用不沾噴霧油罐，在邦特蛋糕模的內側噴上油，或是刷上2小匙油再撒上2小匙麵粉的防沾配方，凹陷處都要充分抹勻。將蛋糕模翻轉過來，倒扣在報紙或烘焙紙上（這張紙不要丟掉，接著在製作糖霜時有用），同時開始製作麵糊。

- 在碗裡混合麵粉、泡打粉和小蘇打粉，用叉子混合。
- 將奶油放入直立式電動攪拌機的碗，或一般攪拌盆中，磨碎2顆黃檸檬果皮加入，攪打到質地滑順(creamy)。
- 摘下4大匙的百里香葉，和細砂糖一起加入攪拌機裡，再度攪拌到稍微蓬鬆的質感。
- 一次一顆，加入雞蛋攪拌，最後將轉速調慢，加入三分之一的混合麵粉，再加入三分之一的白脫鮮奶，依照這樣的步驟，將所有的麵粉和白脫鮮奶用完。
- 最後，加入1顆黃檸檬汁攪拌。將麵糊移到準備好的蛋糕模裡。放在烤箱的烤盤上，烘烤1小時15分鐘，但在過了1小時後便開始檢查熟度。如果你覺得麵糊似乎太多，請別緊張：一切都會沒事的，也就是說，蛋糕在膨脹之後又會縮回去一些。
- 蛋糕探針取出不沾黏時，便可將蛋糕不脫模移到網架上，靜置15分鐘，再小心脫模。這是緊張的時刻，但如果你的噴油工作做得周全、蛋糕完全烤熟，應該就不用擔心。就是有這種緊張的氣氛，才使得之後脫模的那一瞬間，更令人滿足。
- 蛋糕冷卻後，將預留的報紙或烘焙紙鋪在網架下方。將糖粉過篩到碗裡，加入剩下的1顆黃檸檬汁攪拌混合，形成可流下蛋糕的稀糖霜－約為2½ － 3大匙－質地要夠濃，可黏附稍後要撒上的百里香葉。或者，也可將蛋糕放在上菜的盤子上，再澆上稀糖霜。澆上糖霜後，立即撒上百里香葉，參雜一兩枝嫩莖。你可自行調整份量，我通常都是盡情揮灑的。

STORE NOTE 保存須知	FREEZE NOTE 冷凍須知
放入密閉容器內，在陰涼處可以室溫保存5天。	蛋糕可冷凍保存3個月(不含糖霜)。將蛋糕用雙層保鮮膜和一層鋁箔紙包裹起來。解凍時，解開包裝，放在網架上回復室溫約5小時。

Pumpkin bundt cake
南瓜邦特蛋糕

我愛極了南瓜蛋糕帶來的收穫節慶感，即使南瓜是從罐頭倒出來的。我第一次做時，沒有製作糖霜（icing），只在表面篩上糖粉而已，再用一包冷凍的綜合莓果來搭配（我將它們倒入碗裡，加入一點磨碎的柳橙果皮混合，再自然解凍）。然後，我覺得應該想辦法把剩下的半罐南瓜用完，所以創造出了免攪拌白蘭地南瓜冰淇淋（No-Churn Brandied Pumpkin Ice Cream，**見334頁**）。它和這款邦特蛋糕十分相配，尤其是還帶些熱度的時候。如果想把它當作搭配咖啡或茶的蛋糕也很好；這樣的話，就請依照以下的指示來製作糖霜。

是的，這是我提供給你的第二個邦特蛋糕，但我覺得如果你擁有少見的邦特蛋糕模（我的版本，看起來介於新娘母親戴的舊式禮帽與凱薩琳煙火輪 Catherine wheel 之間），還不如妥善利用。

然而，如果沒有邦特蛋糕模，就用20公分的方形蛋糕模（高約5.5公分）。做出來的蛋糕很高，幾乎是模型的高度，在以下的烤箱溫度中，約需45 － 55分鐘（取出前，請確認中央部分完全烤熟）。

可切出10 － 14片

淡黑糖（soft light brown sugar）300g

葵花油 250ml

磨碎的柳橙果皮和果汁 1顆，最好是無蠟的

雞蛋 3大顆

中筋麵粉 400g

小蘇打粉 2小匙

肉桂粉 2小匙

多香果（ground allspice）½ 小匙

南瓜泥 300g（從425g的南瓜罐頭取出，剩下的留下來做成免攪拌白蘭地南瓜冰淇淋，見334頁）

不沾噴霧油罐（或葵花油和麵粉），抹油用

糖霜：

糖粉（icing sugar）200g

柳橙汁 2½–3大匙 ×15ml（使用左方的柳橙）

黑巧克力 1小方塊，磨碎用

容量2.5公升（1×10 杯）的邦特蛋糕模（bundt tin）1個，或長20公分、深約5.5公分的方形蛋糕模 1個（見前言）

- 將烤箱預熱到180℃ /gas mark 4。用不沾噴霧油罐在磅蛋糕模的內側噴上油，或是刷上2小匙油再撒上2小匙麵粉的防沾配方，凹陷處都要充分抹勻。將蛋糕模翻轉過來，蓋在報紙或烘焙紙上，供多餘的油脂滴落。同時開始製作蛋糕。

- 在直立式電動攪拌機的碗裡（或直接用雙手以木杓）混合糖、油、½ 顆磨碎的柳橙果皮和2大匙果汁，攪拌到充分混合、質地滑順。中間可能需要停下馬達一兩次，將碗內麵糊刮下。

- 加入雞蛋，再度攪拌混合。

- 在另一個碗裡，測量出麵粉、小蘇打粉和香料，用叉子混合均勻。

- 接著將南瓜泥加入麵糊中攪拌，最後再加入香料麵粉，輕柔拌勻（fold in）。當麵糊的質地滑順時，小心地倒入準備好的蛋糕模內。

- 烘烤45–55分鐘，但我通常在過了40分鐘後便檢查熟度。當蛋糕邊緣稍微脫模，探針取出不沾黏時，便是烤好了。將蛋糕不脫模移到網架上，靜置15分鐘。

- 小心地用手指將蛋糕脫模，尤其小心中央空心處的周圍部分，留在網架上靜置到完全冷卻。

- 為邦特蛋糕製作糖霜：將蛋糕移到你喜愛的大盤子上。將糖粉過篩到碗裡，緩緩加入柳橙汁攪拌，加入第2大匙後便將速度放慢，以確保達到理想的濃度－要濃到能夠覆蓋蛋糕表面，並且在邊緣滴落一些－用湯匙舀到蛋糕上，讓糖霜沿著蛋糕的立體線條，自然地均勻流動，若是有一點滴落在盤子上也別擔心，我覺得這正是迷人的地方。如果有剩下的糖霜，我常會忍不住做一點傑克遜•波洛克Jackson Pollock*式的彩繪（如你在照片所見）。

- 最後在表面撒上現磨巧克力：就算只是1小方塊的巧克力，還是太多，但用不完就自己吃掉，也算不上什麼犧牲。

*傑克遜•波洛克Jackson Pollock 抽象表現主義的美國畫家1912-1956。

STORE NOTE 保存須知	FREEZE NOTE 冷凍須知
放入密閉容器內，在陰涼處可以室溫保存一周。	蛋糕可冷凍保存3個月（不含糖霜）。將蛋糕用雙層保鮮膜和一層鋁箔紙包裹起來。解凍時，解開包裝，放在網架上回復室溫約5小時。

Cider and 5-spice bundt cake
蘋果酒和五香邦特蛋糕

我通常稱它為蘋果酒和五香薑味麵包（Cider and 5-spice Gingerbread），但現在改名了，因為擔心誤導大家，以為裡面含有強烈薑味（當然，你可隨意增添裡面的生薑原料）。事實上，這裡的質感比較接近蛋糕的細緻口味，而非薑味麵包（gingerbread）的潮濕厚重（雖然也十分美味）。此外，我也覺得將主要原料，芳香無比的五香粉，標示出來比較公平。我後來發現所謂的五香粉，其實有很多版本。一般指的是八角、丁香、肉桂、花椒和茴香籽，但我也愛那種含有甘草（liquorice）和乾燥陳皮（dried mandarin peel）的配方。我發現，不管哪種版本，都能成功地運用在這裡，即使是那一兩種錯誤地含有大蒜的：有兩個人（一位在英國這裡，一位在美國）使用那種版本來做，結果發誓說，一點都嚐不出大蒜味。但是可能的話，當你去採購時，最好還是仔細檢視包裝上的原料說明，避免買到含有大蒜的五香粉。

想要加強其中的薑味元素，又不想花時間削皮和磨碎生薑（或不想使用酒精），可加入250ml的薑味啤酒（ginger beer），來代替蘋果酒。

無論如何，這款蛋糕單獨享用就很美味了，但我很難招架，那閃耀著光澤的煙燻鹹味焦糖醬汁（Smoky Salted Caramel Sauce，**見342頁**）的誘惑，如你在這張照片所見。

最後一點，如果沒有邦特蛋糕模，就用20公分的方形蛋糕模（高約5.5公分），並且需要約50－55分鐘的烘烤時間（直到探針取出無沾黏，蛋糕摸起來結實）。讓蛋糕不脫模冷卻，再進行脫模和包裝（見下一頁）。

可切出10－14片

蘋果酒（cider），最好是不甜的（dry）250ml

葵花油 175ml

淡黑糖（soft dark brown sugar）100g

黑糖蜜（balck treacle）300g（250ml）
（方便起見，使用抹上油的量杯來測量）

雞蛋 3大顆

生薑 1塊3公分（15g），去皮磨碎

中筋麵粉 300g

泡打粉 2小匙

小蘇打粉 ¼ 小匙

現磨肉豆蔻（nutmeg）½ 小匙

中式五香粉 2½ 小匙

肉桂粉 1½ 小匙

不沾噴霧油罐或葵花油，抹油用

容量2.5公升（1×10杯）的邦特蛋糕模（bundt tin）1個，或長20公分、深約5.5公分的方形蛋糕模 1個（見前言）

- 打開蘋果酒，使氣泡散逸。將烤箱預熱到170°C /gas mark 3。用不沾噴霧油罐在邦特蛋糕模的內側噴上油，或是直接抹上油。將蛋糕模翻轉過來，蓋在報紙或烘焙紙上，讓多餘的油脂滴落。同時開始製作麵糊。
- 測量出油、黑糖和黑糖蜜（不論使用重量或用量杯取容積，一定要先將容器抹上油，糖蜜才會容易流出），加入碗裡。
- 倒入蘋果酒，打入雞蛋，加入薑泥，攪打到質地滑順。雖然我是用直立式電動攪拌機來做的，你用雙手與木杓也並不費事：若是如此，先將雞蛋打散，再加入其他材料中。
- 在另一個碗裡，測量出麵粉、泡打粉、小蘇打粉、小豆蔻粉、五香粉和肉桂粉，用叉子攪拌混合。
- 小心地將混合麵粉倒入混合黑糖蜜混合液中，同時不斷一邊攪拌，直到麵糊變得光滑。不時將碗邊和底部刮下攪拌，確保沒有殘留的麵粉。
- 將這深色、充滿香氣的麵糊，倒入準備好的蛋糕模中：看起來很濕，但別擔心。送入烤箱烘烤45–50分鐘，過了40分鐘後便要檢查熟度。當蛋糕邊緣稍微脫模，探針取出不沾黏（沒有濕麵糊，但可能殘留些許蛋糕屑），便是烤好了。將蛋糕不脫模移到網架上，靜置30分鐘。小心地用手指將蛋糕脫模，尤其注意中間空心部分的周圍，留在網架上靜置到完全冷卻。接著進行包裝，先用烘焙紙，再用鋁箔紙，因為等到第二天享用會更好吃。雖然我並不一定等得了。

STORE NOTE 保存須知	FREEZE NOTE 冷凍須知
蛋糕可鬆鬆地用烘焙紙和鋁箔紙包好，放入密閉容器內，在陰涼處可以室溫保存1周。	完全冷卻的蛋糕可用雙層保鮮膜和一層鋁箔紙緊密包裹起來，冷凍保存3個月。解凍時，解開包裝，放在網架上回復室溫約5小時。

Matcha cake with cherry juice icing
抹茶蛋糕和櫻桃汁糖霜

我的腦海裡一直有個 idée fixe（執念），想做個抹茶蛋糕。自從見到加了櫻桃汁糖霜的甜甜圈照片，我就知道，這種糖霜一定會出現在我的廚藝生命中。你可能注意到了，本書中展現出一點（希望不會太明顯）『綠與粉紅』的主題，所以這兩者－抹茶蛋糕和櫻桃汁糖霜－的結合，大概也是不可避免的吧。我喜愛櫻花和抹茶的搭配，如此日本味，彷彿是魔法調出的顏色，非常美麗。令我更開心的是（雖然很孩子氣），不須藉重色素的幫助即可渾然天成。但請別以為這只是一種概念而已，它的風味嚐起來就如同我想像中的一樣美麗，否則也不會在這裡出現了。

上等抹茶，磨碎的綠茶粉末中最鮮綠者，要價不斐，但它也有其他的用途，所以買來以後，能在你的廚房得到妥善的利用（請**見338與348頁**）。就當作是一種廚藝上的投資吧。我最喜歡的版本是有機的 Izu Matcha by Tealyra（Aiya Beginner's Matcha 也不錯，適合做成**第348頁**的抹茶拿鐵，但我覺得用來做成這款蛋糕的話，不夠濃郁），雖然不便宜，但絕對不是最貴的。我不建議你買次級品，因為仍然不便宜，嚐起來卻很糟，也不像正品一樣那麼鮮綠。同樣要花功夫，真的沒必要做出一個灰撲撲的卡其色蛋糕。是的，這是一個奢侈的蛋糕，也應用對待奢侈品的心情好好品嚐。

我發現戚風蛋糕（chiffon-style cake）－也就是將蛋黃和蛋白分開，再將打發的蛋白加入麵糊中－做出的質地較為柔軟，比較適合做成這一款蛋糕，因為一般的海綿蛋糕加了抹茶會變得乾澀。但是這種蛋糕，在加熱過程中膨脹的程度更大，最後不可避免地會塌陷，使表面形成凹陷。如果凹陷的程度很小，可將糖霜減量：用 200g 的糖粉混合 3 大匙的櫻桃汁（市售瓶裝即可，不需費力地親手擠壓）；否則，便依以下食譜操作。如果櫻桃汁（非黃色的 acerola 品種）買不到，就用石榴汁代替，如果還是買不到，可將幾顆覆盆子在濾網上壓碎，擠出果汁，再加一點水混合。

最後一點，嚴格說來，戚風蛋糕不能用不沾蛋糕模，或抹上油的模型來做（會影響蛋糕膨脹），但我的廚房裡只有不沾蛋糕模，在我的製作經驗中，並沒有問題。

可切出12 – 14小片

抹茶（Izu Matcha）1大匙 ×15ml（7g）（見前言）

剛煮滾的熱水 80ml

雞蛋 3大顆，分開蛋黃蛋白

細砂糖 120g

葵花油 60ml

中筋麵粉 110g

泡打粉 1小匙

糖粉 250g

有機純櫻桃汁 4大匙（非 acerola 品種）

直徑20公分的活動式蛋糕模1個
（最好是非不沾材質）

- 將烤箱預熱到180°C /gas mark 4。將活動蛋糕模的底部鋪上烘焙紙，但不用抹油。
- 將抹茶粉放入小碗中，加入熱水攪拌混合，直到質地滑順。靜置到稍微冷卻。
- 將蛋白放入另一個碗中，打發到形成軟立體狀（floppy peaks）*。一邊攪拌，一邊加入3大匙的細砂糖混合，靜置備用。
- 將蛋黃和剩下的細砂糖放入另一個碗中，攪拌到顏色變淡。加入抹茶液攪拌，再加入油。過濾後輕柔地拌入麵粉中（fold in）。
- 輕柔拌入（fold in）一大杓的蛋白霜，再拌入（fold）剩下的蛋白霜。再將麵糊倒入蛋糕模內，烘焙25-30分鐘，直到探針取出不沾黏。烘烤不到20分鐘，別打開烤箱檢查熟度，蛋糕可能會塌陷。
- 不脫模，將蛋糕放在網架上完全冷卻。同時蛋糕會略為塌陷。用刮刀（spatula）伸入蛋糕的邊緣，幫助脫模。在蛋糕表面蓋上一個盤子，翻轉過來，再取下模底。撕下烘焙紙，底部朝下，小心地將蛋糕放在盤子或蛋糕架上。
- 準備好上糖霜時，將糖粉過篩到碗中，逐次少量地加入櫻桃汁攪拌混合，形成不透明具亮度的流動糖霜（glacé icing）。蛋糕的表面可能有小凹陷，正好適合這裡的糖霜份量，這也表示，分切蛋糕時，粉紅色的糖霜會流到盤子上（我覺得很美）。
- 將糖霜加到蛋糕表面，讓它沿著周圍流下一點。靜置1小時之內使其凝固：雖然不會完全凝固，但如果等得更久，就會失去光澤。

* 軟立體狀（floppy peaks）以打蛋器舀起，尖端微微下垂的狀態，也有濕性發泡（soft peaks）的說法。

STORE NOTE 保存須知	FREEZE NOTE 冷凍須知
放入密閉容器內，在陰涼處可以室溫保存2－3天。	完全冷卻的蛋糕（未加糖霜），可用雙層保鮮膜和一層鋁箔紙緊密包裹起來，冷凍保存1個月。不脫模進行冷凍，可能會比較容易。解凍時，解開包裝（同時小心脫模），放在網架上回復室溫約3小時。

Date and marmalade Christmas cake

椰棗和柑橘果醬聖誕蛋糕

這款蛋糕嚐起來像聖誕節布丁－非常、非常好吃的聖誕節布丁－是那種貴格會教徒（the Quakers）曾經充滿激情地譴責為『巴比倫大淫婦的發明 the invention of the scarlet whore of Babylon』（對，我很喜歡引用這個典故）。它的質地濃郁、濕潤、充滿糖蜜與濃濃香氣，甚至不需要酒精。剛好也是無麥麩、無奶的版本，做起來快速，如果你來不及準備祖傳食譜所需要的，連續六個月餵養白蘭地的那種版本，這個配方就很方便。

我喜歡用的，是一種美味的自製柑橘果醬（感謝 Helio Fenerich，她也提供了我**第185頁**的義大利燉小牛腿食譜 Italian Veal Shank Stew），品質上乘，帶點苦味，質地柔軟，我竟然能保留這麼久來做這個蛋糕，也算奇蹟了。

市面上也有很多種的上等柑橘果醬，但請記得，椰棗有天然的濃郁香甜（勝過一般的水果乾），所以不要挑選甜度太高的：我的選擇是 Frank Cooper's Original Oxford Marmalade 或 Wilkin & Sons "Tawny" Orange；也就是說，甜味要有深度，並含有一點細緻的苦味。另外，雖然我喜歡滿左爾椰棗（medjool dates，聖經中屬於國王的水果）的濃郁焦糖風味，你也可使用乾燥椰棗（那種標示為立即可食的）代替。

最後一點：切碎的杏仁，其實是市售的包裝版本（和杏仁粉一樣），任何種類的切碎堅果都可以，但在這些質地飽滿的水果之間，這種甘脆的堅果口感，具畫龍點睛的效果。

約可切出 14 片

濃郁紅茶液 250ml

滿左爾椰棗（medjool dates）500g

未染色甜漬櫻桃（natural colour glacé cherries）150g

乾燥蔓越莓（cranberries）150g

桑塔納葡萄乾（sultanas）150g

淡黑糖（muscovado sugar）175g

椰子油（coconut oil） 175g

肉桂粉 2小匙

薑粉 2小匙

丁香粉（ground cloves）½ 小匙

上等柑橘果醬（marmalade，見前言）200g，外加刷在蛋糕上的量

杏仁粉 200g

杏仁角 100g

雞蛋 3大顆，打散

直徑20公分的圓形活動蛋糕模 1個

○ 將烤箱預熱到150°C／gas mark 2。用活動式蛋糕模當作範本，切割出鋪在底部的圓形烘焙紙，以及鋪在周圍的烘焙紙，要比模型本身高約6公分。做法：取下長條的矩形烘焙紙，將長邊的一側往上折入約2公分，再用剪刀沿著固定的間隔剪下，像製作皺邊一樣。將這長條烘焙紙圍在蛋糕模的內部周圍，剪開的皺邊鋪平在底部，再鋪上底部的圓形烘焙紙固定。

○ 泡茶：我的作法是，在1包茶包裡加入250ml的滾水，充分浸泡，取出茶包，再將茶倒入鍋子裡。將椰棗核取出，再用剪刀剪成4等份。用剪刀將甜漬櫻桃剪成一半（要用刀子當然也行）。

○ 取出一個平底深鍋，要能容納紅茶在內的所有材料。除了杏仁粉、杏仁角和雞蛋以外，將所有材料加入。開火，攪拌混合，加熱到沸騰，不時攪拌一下。轉成小火，加熱10分鐘，時常攪拌，可以釋放出椰棗的風味，也使受熱均勻，避免鍋底的材料燒焦。10分鐘之後，離火，讓材料靜置30分鐘；1小時也無所謂。

○ 加入杏仁粉和杏仁角，再加入蛋汁，充分混合後（其實我很想直接這樣吃麵糊），倒入準備好的蛋糕模，用刮刀將表面抹平。烘烤1½–1¾小時。邊緣會稍微脫模，探針插入取出時，雖然感覺濕潤，但只會有一點黏性殘留（而不會有麵糊）。

○ 不脫模移到網架上，刷上約3大匙的柑橘果醬（如果果醬質地較硬，最好先溫熱過，才易於刷塗－用微波爐加熱20 － 30秒，或用小型平底深鍋加熱皆可）自然冷卻。靜置一天再享用。在分切享用前，我喜歡再度刷上一點略帶苦味的柑橘果醬。當然，想要的話，也可依照季節再裝飾一下。

MAKE AHEAD NOTE 事先準備須知	STORE NOTE 保存須知
蛋糕可在1周前做好。將冷卻的蛋糕用雙層烘焙紙（或防油紙）和一層鋁箔紙包好，放入密閉容器內，置於陰涼處保存。	分切後，將蛋糕（仍用烘焙紙和鋁箔紙包裹起來）放入密閉容器內，可保存1個月。

Gluten-free apple and blackberry pie
無麥麩蘋果和黑莓派

一般來說，我對付無麥麩烘焙的方式，就是完全捨棄麵粉不用－如同本書及本人網站上的食譜－除非你自己是乳糜瀉患者（coeliacs）*，或是為乳糜瀉患者烹飪，否則我看不出有什麼必要使用替代品（substitutes），因為替代品常常是次等選擇，而非真正的另類選項（alternatives）。

然而，我的食客是最近才被診斷為乳糜瀉患者，而且他對於從此不能吃派塔這件事耿耿於懷，當然這是一件令人難過的事，我不能袖手旁觀。經過一段時間的搜尋研究，我終於在 America's Test Kitchen 所出版的 The How Can It Be Gluten Free Cookbook 一書中找到了我要的派塔食譜。雖然我必須強自壓抑對玉米糖膠 xanthan gum（名實不符，這其實是一種粉末）的偏見，我慶幸這樣做了，因為這款糕點絕對不是次等選擇－只要告訴客人這是無麥麩版本，他們就會發出驚嘆－而這是獻給全球各地，可憐地被剝奪享用派塔，乳糜瀉患者的福利。

我喜歡用舊式的鑄鐵平底鍋來烘烤派，喜歡那股復古味－這種鍋子是我平日廚房裡的必備鍋具－但你也可用派模來代替，但請使用金屬材質，而非陶瓷的。這裡派皮的份量，可鋪上直徑22公分的鍋子或派模，但我家裡只有20或25公分的鍋子，所以最後我用的是前者。若要做出無奶的版本，請用相同重量的椰子油（呈固態時）來取代奶油，用豆漿優格或椰子優格來取代酸奶油， 並將鋪上派皮的鍋子或派模放入冰箱，冷藏5分鐘，再加上水果。

* 乳糜瀉（coeliac）因自體免疫問題而對小麥、大麥或黑麥所含的麩質過敏。

6 – 8 人份

水果內餡：

無鹽奶油 1大匙 ×15ml（15g）

中型蘋果（Bramley 品種）2顆（約500g），去皮去核切片或切碎

白糖（white granulated sugar）2大匙 ×15ml（30g）

肉桂粉 ½ 小匙

黑莓 250g

玉米糖膠（xanthan gum）⅛小匙

派皮：

冰的無鹽奶油 200g

冰水 80ml

酸奶油（sour cream）3大匙 ×15ml（45ml）

米醋 1大匙 ×15ml

無麥麩麵粉（gluten-free plain flour） 365g

白糖 1大匙 ×15ml（15g）

鹽 1小匙

玉米糖膠 ½ 小匙

烘焙用：

蛋白 1顆，稍微打到發泡

白糖（white granulated sugar）½ 小匙

20或22公分的派模或鑄鐵平底鍋 1個

- 先從內餡開始：用寬口、底部厚實的鍋子來融化奶油，再加入蘋果片、糖和肉桂粉，充分混合並加熱約3分鐘，直到蘋果軟化，鍋底形成焦糖化汁液。加入黑莓，輕柔拌勻，離火，加入玉米糖膠混合，然後靜置冷卻。
- 現在準備派皮：將冰的奶油切成5mm小丁，放在盤子上，冷凍15分鐘，同時繼續準備其他的材料。
- 在量杯或碗裡混合水、酸奶油和米醋。
- 將無麥麩麵粉、糖、鹽和玉米糖膠，倒入食物料理機碗內，快速攪拌（blitz）混合。
- 當奶油冷凍15分鐘後，取出加入麵粉中，再以跳打（pulse）方式約10次，直到奶油呈大顆豌豆般大小。
- 倒入一半的混合酸奶油，以跳打（pulse）方式攪拌到充分混合（約3 – 5次）：麵糊的質地很細，並呈粗粒狀（crumbly）。

- 倒入剩下的混合酸奶油，攪打到麵糊開始沿著刀刃成團。
- 將打好的麵團倒出，塑形成2個相同尺寸的球形，壓扁成圓形後，用保鮮膜包起來，放入冰箱靜置醒40分鐘。將烤箱預熱到200℃ /gas mark 6，並放入一個烤盤加熱。
- 40分鐘過後，取出1片派皮，用2張防油紙或烘焙紙夾住，再擀平。千萬不要再加入任何麵粉。
- 將派皮擀成足夠鋪上派模或鍋子底部及周圍的大小，並能垂下4公分左右的額外長度。取下上層的防油紙或烘焙紙，將派皮翻轉過來，鋪入模型中，再小心地撕下另一張烘焙紙。
- 將派皮壓黏在模型的底部和周圍上，取出剩下的那一張派皮，用同樣的方式擀平。將混合蘋果和黑莓倒入派模裡，將派皮邊緣沾上一點打發的蛋白弄濕。將第二張派皮（當作派點的蓋子）上層的烘焙紙撕下，翻轉過來，蓋在盛滿水果的派點上，撕下剩下的烘焙紙。
- 用刀子裁剪派皮垂下的部分，將邊緣壓緊（或用叉子的尖齒來壓）。在中央劃切幾道切口，使蒸氣得以逸出。在表面刷上打發的蛋白，撒上糖。
- 烘烤30–40分鐘，直到派皮烤熟呈金黃色。從烤箱取出，靜置15 – 30分鐘後再分切。

MAKE AHEAD NOTE 事先準備須知	STORE NOTE 保存須知	FREEZE NOTE 冷凍須知
派皮麵團可在2天前做好，用保鮮膜包好，冷藏保存，擀平前回復室溫20 – 30分鐘。若是冷藏很久的麵團，可能需要30分鐘來回復室溫。 內餡可在1天前做好，冷卻後移到密閉容器內，或加以覆蓋的碗內，冷藏保存到要用時再取出。 派點可在烘焙前3 – 4小時加以組合，但最後一刻表面再塗上打發的蛋白（glaze）。放置於溫暖處，烘焙好的派點可保溫1小時。	將烤好的派放入密閉容器內，冷藏保存，或鬆鬆地用保鮮膜或鋁箔紙包好，可保存5天。上菜前，最好重新加熱。將烤箱預熱到150℃ /gas mark 2，重新加熱 20–30分鐘。	派點麵團可進行冷凍：將圓形派皮麵團用保鮮膜緊密包覆，放入冷凍袋中或用鋁箔紙包起來。冷凍保存3個月，放入冰箱隔夜解凍。 吃不完的派，可放入密閉容器內進行冷凍。放入冰箱隔夜解凍，再依照保存須知重新加熱。

Bitter orange tart
苦橙塔

自從 How To Eat 一書中的塞維亞柳橙塔（Seville Orange Tart）後，我就不斷想著，要如何充分利用產季短暫（只在十二月到二月之間）的塞維亞柳橙（你在本書的其他部分會發現我的努力），但苦橙的風味絕佳，非產季時我也不願將它們拋棄。所以，我嘗試著複製它們的芳香與鮮美：將一般的柳橙和綠檸檬汁，以大約是二比一的比例混合。我本來不會將冷凍庫，當作大型而有條理的食物貯藏櫃，但我會為了這個塔，特地準備小包的4顆塞維亞柳橙果皮和果汁；如果用完了，我就採用一般的柳橙和綠檸檬。

這個配方不只是 How To Eat 食譜的簡化版：它的底層不是自製派皮，而是壓碎的薑汁餅乾和奶油。更令人興奮的是，比原始版本的口味，更具刺激的酸味。我喜歡那酸到縮頰、如雪酪（sherbet）般的苦味，但我總會搭配一小罐上等蜂蜜，鼓勵大家（幾乎到了令人嫌煩的地步）澆上一點再吃。

我必須要說，當塞維亞柳橙當季時，這款塔就像是盤子上的冬季陽光－嚐起來也像。我尤其喜歡搭配亞洲風味牛小排（Asian-flavoured Short Ribs，**見179頁**）或義大利燉小牛腿（Italian Veal Shank Stew，**見185頁**）當作甜點，但可別因此設限。另外，凝乳內餡（curd）也可用來抹在烤過的小圓餅（crumpets）或上等白麵包上享用，一樣十分美味。

可切成10－14片

底層：

堅果薑汁餅乾（gingernuts）或原味薑汁餅乾（ginger biscuits）250g

軟化的無鹽奶油75g

CURD FILLING 凝乳內餡：

雞蛋3大顆

蛋黃2顆

細砂糖100g

塞維亞柳橙的磨碎果皮和果汁4顆（約200ml），或用綠檸檬汁60ml（約需2–3顆綠檸檬）和柳橙汁140ml（約需1大顆或2顆中型柳橙）混合

軟化的無鹽奶油150g，切成1公分小丁

TO SERVE 上菜用：

上等流質蜂蜜

直徑24公分、高約5公分的活動塔模（flan tin）1個

- 將薑汁餅乾用食物料理機打碎，加入奶油，耐心攪打到開始形成結塊（clump），看起來像深色潮濕的沙。如果沒有食物料理機，將薑汁餅乾放入冷凍袋中，用擀麵棍或類似器具（但喜劇效果沒那麼強）敲打。將奶油融化，再將餅乾碎粒移到碗中，加入融化的奶油，攪拌混合到餅乾屑均勻沾裹上奶油。
- 倒入模型內，小心地用雙手或湯匙背面，抹平在底部和周圍。
- 將模型放入冰箱，使餅乾底層變硬，至少需要1小時－如果冰箱很擁擠，可能需要2小時。我覺得，若能事先將底層準備到適當的溫度與狀態，會比較方便，若是如此，可在2天前便開始製作冷藏。
- 一旦底層夠硬時，便可開始製作凝乳內餡。在底部厚實的平底深鍋中－離火－加入雞蛋、蛋黃和糖，攪拌到充分混合。
- 加入磨碎果皮（小心不要磨到苦澀的白色中果皮）和果汁，以及奶油丁，將鍋子以中火加熱，同時持續攪拌（我用的是小型扁平打蛋器 flat whisk）。
- 為了使凝乳濃稠，這個過程約需5－7分鐘，在攪拌的同時，請記得鍋子要不時離火一會兒，以免凝乳過熱。一旦夠濃稠時便離火，繼續攪拌約30秒，然後一邊攪拌，一邊倒入量杯中（約有550ml）。緊密貼合蓋上一張潮濕的烘焙紙或防油紙（避免表面形成薄膜），放入冰箱冷卻約30分鐘。

- 當凝乳變冷但尚未凝固時，取出，倒入並刮下凝乳加入鋪好餅乾底層的模型中，均勻抹平。
- 放入冰箱繼續定型4小時以上（或隔夜）、2天以內。從冰箱取出後要盡快脫模（溫度低時比較容易），不要等上5 － 10分鐘再分切。端上蛋糕切片，同時搭配1小罐蜂蜜，讓大家在享用時自行澆上。

MAKE AHEAD NOTE 事先準備須知	STORE NOTE 保存須知
底層可在2–3天前事先製作，用保鮮膜稍微覆蓋，放入冰箱保存到要用時再取出。一旦變硬，餅乾底層可和模型，一同用雙層保鮮膜和一層鋁箔紙緊密包覆，冷凍保存1個月。放入冰箱解凍2 － 3小時，再加入內餡。 凝乳可在2天前事先製作。加入塔模後，冷藏約4小時，直到變硬，用鋁箔紙稍微搭一個帳篷，盡量不要碰到表面。	吃不完的塔，可冷藏保存2天。塔底會逐漸軟化。

Salted chocolate tart
鹹味巧克力塔

我一直避免製作巧克力塔，不是出於懶惰（心情對的時候，我還蠻喜歡做塔皮的），而是因為我覺得，現有的塔皮不搭巧克力，也不值得這份功夫。這裡提供了簡單的解答：用巧克力餅乾來做底層塔皮。內餡的製作也一樣簡單，而你絕對嚐不出來。我一向不會隱瞞某樣食譜的簡單程度，但這道甜點真的打破眾人眼鏡。我猜裡面的鹹味是關鍵：能夠微妙地平衡巧克力的濃郁感，所以就算你不是特別喜歡甜－鹹組合的人，也請別錯過。如果堅持，可將鹽的份量減半。我現在正瘋狂迷戀煙燻鹽（smoked salt，請見342頁的煙燻鹹味焦糖醬汁 the Smoky Salted Caramel Sauce），也鼓勵你嘗試看看這種粗鹽，尤其是這道食譜。

想要的話，當然可以用波本餅乾（Bourbon biscuits）來做底層：奧利奧餅乾（Oreos）能夠提供義式濃縮咖啡般的深色效果，但是波本餅乾那接近阿茲特克文化般的深褐色，更能突顯深色的內餡。

可切成 14 片

底層：

奧利奧餅乾（Oreos）2包 ×154g（共28片餅乾）

黑巧克力 50g（可可固形物70% 以上）

無鹽奶油 50g，室溫軟化

煙燻粗海鹽 ½ 小匙（見前言）

直徑23公分的深邊（高約5公分）活動塔模（flan tin）1個

- 將餅乾分成小塊，倒入食物料理機的碗內。以同樣的方式處理巧克力，一起打碎到成屑狀。加入奶油和鹽，攪打到麵糊開始成形。若要用雙手來做，可將餅乾放入冷凍袋中打碎成屑狀。將巧克力切得很碎，融化奶油，將這些材料全部加入大碗裡，加入鹽，用木杓或戴上聚乙烯 CSI 手套的雙手攪拌混合。

- 倒入塔模中，用雙手或湯匙背面，均勻壓平在底部和周圍，使質地滑順。放入冰箱冷藏到變硬（約1－2小時）。我不會放超過1天，因為奧利奧餅乾做成的底層，會變得易碎。

內餡：

黑巧克力 100g（可可固形物70% 以上）

玉米粉（cornflour）25g

全脂鮮奶 60ml

濃縮鮮奶油（double cream）500ml

可可粉（cocoa）50g，過篩

即溶濃縮咖啡粉，或特濃即溶咖啡粉 2小匙

細砂糖 75g

香草膏（vanilla paste）或香草精（vanilla extract）1小匙

特級初榨橄欖油 2小匙

煙燻粗海鹽 ¾ 小匙

○ 將巧克力切碎。將玉米粉倒入量杯中，加入鮮奶攪拌混合到質地滑順。（我發現用量杯來測量液體比較方便－這樣的話，這裡需要的鮮奶就是 ¼ 杯美式量杯的量，鮮奶油則為2杯的量）。

- 將鮮奶油倒入底部厚實的平底深鍋中（要能容納所有材料，並且夠深，避免攪拌時濺出），加入切碎的巧克力、過篩的可可粉（可在鍋子上方直接篩入）、即溶濃縮（或特濃）咖啡粉、糖、香草膏（或香草精）、橄欖油和煙燻鹽。以中－小火加熱，輕柔攪拌－我用的是小型攪拌器，因為目的不是要打入空氣，而是避免結塊－使鮮奶油變熱，巧克力開始融化。

- 離火，加入混合好的玉米粉和鮮奶，攪拌到質地滑順，再度以小火加熱。用木杓攪拌到質地變濃稠，約需10分鐘左右。中間需要不時離火，同時仍持續攪拌，確保巧克力餡充分混合，而鮮奶油又不至沸騰。適當的濃稠度，就是巧克力餡能夠沾黏上木杓背面，用手指劃過，會留下痕跡。

- 倒入寬口量杯或麵糊杯（batter jug）中，應到達 600ml 左右的刻度。現在將一張烘焙紙或防油紙放在冷水下浸濕、擠乾，再蓋在巧克力量杯上，然後送入冷藏15分鐘。取出後仍可感到微溫，但倒入模型時，至少不會融化底層。

- 倒入鋪了餅乾底層的模型裡，將所有殘餘巧克力餡刮下，放入冰箱隔夜冷藏，但不要超過24小時，否則底層會變軟。

- 上菜前10分鐘從冰箱取出，並立即脫模。將模型放在大罐子或量杯上，讓塔模的圓環脫落，當巧克力塔戲劇性地顯露出來時，連同底盤一起移到盤子或砧板上。

- 切成小片－不要太大，因為它的質地濃郁甜美，想再吃的人可以隨時再切－搭配法式酸奶油（crème fraîche）上桌，它的微酸風味正好。剩下的巧克力塔可在冰箱保存4－5天，但底層會變軟，周邊也會變得易碎。雖然這不會妨礙你的品嚐樂趣，我還是喜歡在它最完美的時候，進行首次公開亮相。

MAKE AHEAD NOTE 事先準備須知	STORE NOTE 保存須知
底層可在1天前事先製作。變硬後，覆蓋冷藏到要用時再取出。 巧克力塔／巧克力餡可在1天前事先製作。加入塔模後，冷藏隔夜直到變硬，用鋁箔紙稍微搭一個帳篷，盡量不要碰到表面。	將巧克力塔放入冰箱，冷藏保存到要用時再取出。吃不完的巧克力塔，可冷藏保存4－5天。塔底會逐漸軟化。

Honey pie
蜂蜜派

所有追蹤我 Instagram 的人都知道（我是 @nigellalawson，如果你想知道的話），我對布魯克林一家叫做 The Four & Twenty Blackbirds Pie Shop 的糕餅店有些執迷，並且超級感恩他們分享派塔的美味任務。這一切都源自於他們的鹹味蜂蜜派（Salty Honey Pie），而以下就是我的版本。變化不大－何必更動完美呢？－但我的派皮做法較簡單，適合那些提到要做派就開始變成緊張大師的人（抱歉阿，梅爾•布魯克斯 Mel Brooks *）。我也稍微調整了內餡材料的比例，這一點變化也許不值一提，但我覺得只要不是完全遵照原始食譜的部分，都應公開聲明一下。喔，對了，你不應侷限於他們的某一種派，幸好這本書 The Four & Twenty Blackbirds Pie Book 能夠導正視聽。我覺得這裡的鹽份，剛好能夠平衡濃郁的香甜蜂蜜，如果你寧願全心擁抱它的濃冽，可將內餡裡鹽的份量減到 1 小匙。但無論如何，請務必使用粗海鹽，而非罐裝細鹽。

派迷們會堅稱，它是一種塔，因為沒有蓋子，但這是美國食譜，只要有派皮（pastry）的甜點都叫做派，好嗎？無論如何，這不正好讓你有機會做出一個叫做甜心派（Honey Pie）的東西嗎？

你知道在給予食物上，我不是小氣的人，所以如果我說你要切成小片，就一定有它的道理。一部分是因為，它的質地十分濃郁；另一部分則是，如果客人吃不完，等他們走了，還有剩下的可供下次享用。

* Mel Brooks 梅爾•布魯克斯，電影導演、編劇、作曲家、作詞家、喜劇演員和製片人。收集所有希區考克電影精華，濃縮拍攝成「緊張大師 High Anxiety」電影。

可切出 14 片

派皮：

中筋麵粉 225g

細海鹽 ½ 小匙

味道淡而溫和的橄欖油 125ml

全脂鮮奶 60ml

內餡：

軟化的無鹽奶油 100g

細砂糖 150g

細粒玉米粉（fine polenta，非即食）或粗粒玉米粉（cornmeal）1 大匙 ×15ml

粗海鹽 2小匙

香草膏（vanilla paste）或香草精（vanilla extract）1小匙

上等流質蜂蜜 175ml（250g）

雞蛋 3大顆

濃縮鮮奶油（double cream）150ml

蘋果酒醋 2小匙

撒在表面：

粗海鹽 ¼ 小匙

直徑23公分的深邊（高約5公分）活動塔模（flan tin）1個

- 首先，混合麵粉、鹽、油和鮮奶，形成粗糙、略為潮濕的麵團。這個步驟，可用雙手以木杓或直立式電動攪拌機的低速進行。

- 將麵團倒入模型裡，耐心地壓平在底部以及周圍上方一點點。我發現綜合運用手指、指關節、和湯匙背部，是最有效的方法。放入冰庫冷凍1小時以上。我通常會在享用的前一天開始製作，但無論如何，都要經過冷凍後才加以烘焙。

- 將烤箱預熱到180℃/gas mark 4，同時放入一個烤盤。

- 用中型平底深鍋來融化奶油。離火，靜置5分鐘，加入糖、細粒玉米粉（或粗粒玉米粉）、2小匙的粗海鹽和香草膏（或香草精），攪拌混合。

- 充分混合後，加入蜂蜜攪拌－事先在用來測量的容器內抹上油－加入雞蛋攪拌，再加入鮮奶油和醋。

- 將模型從冷凍庫取出，倒入蜂蜜蛋糊，放在烤箱的烤盤上，烘烤45-50分鐘，但過了30分鐘時（看起來尚未烤好）將烤盤調轉方向。當表面呈現焦色、周圍膨脹、中央呈現柔軟的果凍狀時（冷卻時會持續凝固），就是烤好了。

- 移到網架上，撒上¼小匙的粗海鹽，靜置冷卻－約需2小時。我最喜歡的狀態是完全冷卻。

- 脫模時，將模型放在大罐子或量杯上，讓塔模的圓環脫落，將解放出來的派移到盤子或砧板上。我能夠輕易地將底盤卸下，但如果你覺得連同底盤一起移動比較安心，就這麼做吧。分切成小片－不要太大，因為它的質地濃郁甜美，你也想要有剩下的供自己享用－搭配凝脂奶油（clotted cream）或法式酸奶油（crème fraîche）上菜。

MAKE AHEAD NOTE 事先準備須知	STORE NOTE 保存須知
底層（crust）可在1個月前事先製作。冷凍後，連同模型用雙層保鮮膜和一層鋁箔紙緊密包覆。直接以冷凍狀態進行烘焙。	吃不完的派，應盡快冷藏。稍微用保鮮膜覆蓋，放入冰箱裡，可保存3天。

Lemon pavlova
檸檬帕芙洛娃

自從 How To Eat 一書中的第一個帕芙洛娃開始，我就成了 pavaholic（著迷於帕芙洛娃的人）。對我來說，酸度是關鍵。我永遠不能了解，為什麼有人可以將甜味的水果，堆在一個基本上是－夢幻般的組合－棉花糖和蛋白霜的綜合體上。所以，會想做出一個檸檬帕芙洛娃，似乎是順理成章的事。我的最初想法，其實是受到演員麥可辛 Michael Sheen*的啓發（對，不騙你！）。我必須承認，並不是他給了我什麼私人秘方，而是有一次，我在 BBC Two 的 The Great Comic Relief Bake Off 節目中，看到他做出一大堆的檸檬帕芙洛娃，因此獲得靈感。麥可，請容許我向你說 Diolch**。

你會發現這裡需要很多的杏仁片：因為它們是這道帕芙洛娃的表層，不僅僅是裝飾而已；它的酥脆口感是美味關鍵。我用的是市售罐裝黃檸檬凝乳（lemon curd），如果你想自己親手做，我當然不會阻止你，做法是：在底部厚實的平底深鍋內（離火），攪拌混合 2 大顆雞蛋、2 大顆蛋黃，和 150g 的細砂糖。加入 2 顆無蠟黃檸檬的磨碎果皮和果汁，以及 100g 軟化的無鹽奶油（切成 1 公分小丁或用小湯匙挖下）。將鍋子以中火加熱，並用小扁平打蛋器（flat whisk）攪拌到質地變濃稠。約需 5–7 分鐘，但每隔一段固定的時間要離火－同時不斷持續攪拌。質地變濃稠後，倒入冷的碗裡冷卻，將鍋邊凝乳都刮下，並不時攪拌。

我對這款帕芙洛娃感到孩子般的興奮，它讓我再度感受到：有時一個絕妙的想法，是無預期降臨的，如同人生中的快樂時刻。

＊麥可辛 Michael Sheen 著名英國威爾斯演員。

＊＊Diolch 威爾斯語的謝謝。

8 – 12 人份

蛋白 6 顆（想要的話，儘管使用罐裝蛋白，如 Two Chicks 牌）

細砂糖 375g

玉米粉（cornflour）2½ 小匙

無蠟黃檸檬 2 顆

杏仁片（flaked almonds）50g

濃縮鮮奶油（double cream）300ml

黃檸檬凝乳（lemon curd，見前言）1 罐 ×325g

○ 將烤箱預熱到180℃/gas mark 4。將烤盤鋪上烘焙紙。

○ 將蛋白打發到形成帶有光澤的立體狀(satiny peaks)*，逐次加入糖(一次一湯匙)，同時持續打發到蛋白霜變硬、產生光澤。

○ 在蛋白霜上撒玉米粉，1顆磨好的黃檸檬果皮－細孔刨刀 microplane 最適合－再加入2小匙的黃檸檬汁。

○ 小心地拌勻(fold in)，直到充分混合。舀在鋪了烘焙紙的烤盤上，形成直徑約23公分的圓形，將表面和邊緣用刀子或抹刀(spatula)抹平。

○ 送入烤箱，並立即將溫度調整成150℃/gas mark 2，烘烤1小時。

○ 從烤箱取出，靜置冷卻(避免溫度低的地方，否則烤好的蛋白餅 meringue 容易破裂)。如果廚房可能太冷，就留在烤箱內，但將烤箱門完全敞開。準備享用時，將帕芙洛娃翻轉過來，移到大型平坦的盤子或砧板－這個步驟，通常是在我坐下來開始享用晚餐的前一刻進行，然後讓帕芙洛娃靜置到上甜點時再端上。這是為了讓如棉花糖般的軟心內部，能和柔軟的表面充分結合。

○ 用中－大火將杏仁片用鍋子乾烘上色，不時搖晃一下鍋子，不要將杏仁片燒焦。不到1分鐘的時間。立即移到冷盤子上，避免繼續加熱。

○ 將鮮奶油打發到質地濃稠、充滿空氣，但仍帶有柔軟的質感，備用。

○ 將黃檸檬凝乳倒入碗中，用木杓或刮刀(spatula)攪拌打發一下。嚐嚐味道(若使用市售版本)，如果太甜，可加點磨碎黃檸檬果皮和一點果汁。

○ 手勢輕柔、心情放鬆、持著刮刀，將黃檸檬凝乳抹在帕芙洛娃上。加上打發鮮奶油，塑形出膨脹的頂部，偽裝成另一塊烤好的蛋白餅 meringue。撒上剩下的黃檸檬果皮－磨碎的粗細程度由你決定－再撒上杏仁片，以充滿勝利的姿態上菜。

*立體狀(satiny peaks)以打蛋器舀起，蛋白霜尖端直挺不下垂的立體狀，也有乾性發泡(firm peaks)的說法。

MAKE AHEAD NOTE 事先準備須知	STORE NOTE 保存須知
烤好的蛋白餅 meringue 可在1天前事先製作。放入密閉容器內保存，要用時再取出。 凝乳可在3天前事先製作。覆蓋後冷藏保存，要用時再取出。使用前攪拌一下。 杏仁片可在一周前烘烤。冷卻後，放入密閉容器內以室溫保存，要用時再取出。 上菜前1小時，可以開始組合帕芙洛娃。	吃不下的帕芙洛娃可稍微用保鮮膜覆蓋，放入冰箱裡，可保存1天。

Old Rag Pie
老抹布派

對於一個做法簡單、無論誰吃了都會著迷的美食來說，這名稱不那麼好聽。它其實是希臘文 Patsavouropita 的英文翻譯，當初是由糕點店的師傅，為了將剩下的薄派皮（filo pastry）（即所謂的老抹布 old rags）用完，所創造出來的。他們會沿著工作台，收集用不完的殘餘薄派皮，做成這道派點。因此，你不用擔心在製作的同時，要將薄派皮覆蓋好（雖然這是一般製作薄派皮的基本步驟）。對這道老抹布派來說，就算薄派皮變得有點乾也無所謂，事實上可能還更加美味呢。

在希臘，有兩種版本：一種是甜的，一種是鹹的。這裡的版本，是由我的好友 Alex Andreou 所創造出來的，他是一個 bona fide 真正的希臘人（希望我在這裡用拉丁文不會太過冒犯），從米科諾斯 Mykonos 來的，他也提供本書一些其他的食譜。他的版本融合了甜鹹兩種，在鹹味費達起司中加入了蜂蜜，創造出了一種（我稱為）希臘式的起司蛋糕。

我用過許多種薄派皮（filo pastries）來做這款蛋糕，但都太過潮濕、舖滿麵粉，所以不合格。還好，這些廠牌也製作冷凍薄派皮，似乎就沒有這樣的問題，所以我的做法便是以冷凍薄派皮為主。（使用冷凍薄派皮的另一個好處是，因為費達起司的保存時間很長，所有的材料都可以保存在冷凍庫、冰箱和食品櫃中，不須特地再一次出外購物）如果你有幸能夠買到上等薄派皮，盡管使用新鮮的版本。烘焙前，若要先將派冷凍起來保存，就一定要使用新鮮的薄派皮。因為市售的冷凍薄派皮為 270g，所以這便是我用的份量，但多個 75–100g 也不會怎麼樣。如果你買的包裝比較大，或是秤重買新鮮的，都無所謂，但不需要特地開新的第二包。

很抱歉，這道 Patsavouropita（老抹布派）的確使善後的清洗工作不那麼容易，但吃過後，你就知道這是值得的。一個小秘訣：浸泡時，使用酵素洗潔粉（bio washing powder）或洗碗機專用洗潔粉，來代替一般的洗碗精。或是你可以使用優質的不沾烤模來終結這個問題，最後才說總比沒說好。但以這個老抹布派來說，最好是整個滑出烤模（這應該很容易）放在木砧板上切塊。

All-Clad

可做出 9 大塊

軟化的無鹽奶油 100g

冷凍薄派皮（frozen filo pastry）1 包 ×270g，解凍

費達起司（feta）200－250g

磨碎的帕瑪善起司 2小匙

新鮮百里香葉 2小匙，或乾燥百里香 1 小匙

雞蛋 2大顆

全脂鮮奶 150ml

芝麻 1大匙 ×15ml

上等流質蜂蜜（如希臘百里香蜂蜜或橙花蜂蜜）1 罐

20公分的方形蛋糕模 1 個

- 用小型平底深鍋來融化奶油，離火。
- 在蛋糕模裡舖上一層薄派皮，要延伸到周圍，所以會用到一張以上。均勻澆淋上 1 大匙的融化奶油。
- 將剩下的薄派皮中取三分之一，撕碎捏皺，落入蛋糕模中，不要太密集。將一半的費達起司捏碎加入，撒上 1 小匙的帕瑪善起司、不到 ½ 小匙的百里香葉（或 ¼ 小匙的乾燥百里香），再均勻澆上剩下的三分之一融化奶油。
- 以這樣的步驟重複，直到幾乎用完奶油和百里香（兩者都會只剩下一點）。最後一層的薄派皮要撕大塊一點（因為當作蓋子），可以密集一點鋪上，但仍然要捏皺（scrunching）。
- 將模型邊緣垂下的薄派皮，反摺回去，均勻澆上剩下的奶油。用刀尖橫切兩道、再縱切兩道，將派劃切出 9 塊。請避免使用不鋒利的刀子，因為你不會想把薄派皮移位或壓扁。
- 將雞蛋和鮮奶打散混合，均勻澆上。撒上最後的一點百里香和芝麻。置於陰涼處 10分鐘以上，再烘焙。如果隔 2 小時會比較方便，就放入冰箱。這個步驟也可事先製作（見右方的須知）。
- 將烤箱預熱到 200℃ /gas mark 6，送入烘焙 30 分鐘。烤好時，薄派皮會膨脹、呈金黃色，內部也會凝固。
- 靜置 10分鐘，在表面舀上 1 大匙的蜂蜜抹勻。
- 切片或切塊－使用有鋸齒的麵包刀，以鋸東西的方式切下表面（以免將烤好的薄派皮壓扁），再向下切。連同模型端上餐桌，搭配 1 罐附有湯匙的蜂蜜（亦可倒入瓷罐中），讓大家在享用時自行添加。

MAKE AHEAD NOTE 事先準備須知	STORE NOTE 保存須知	FREEZE NOTE 冷凍須知
派可在1天前事先製作，放入冰箱保存。 這時的派可進行冷凍保存。遵照冷凍須知的指示，直接以冷凍狀態進行烘焙。	做好的派當天享用最好，但若吃不完，可放在盤子上，以保鮮膜覆蓋，或放入密閉容器內，可冷藏保存2天。要重新加熱時，可將切片的派送入預熱150℃/gas mark 2的烤箱，加熱15–30分鐘，直到完全熱透。冷卻5分鐘再上菜（使薄派皮變得酥脆）。	用雙層保鮮膜和一層鋁箔紙緊密包覆後，可冷凍保存1個月。要以冷凍狀態進行烘焙時，打開包裝，送入冷烤箱內，再將溫度設定為200℃/gas mark 6，烘烤45–55分鐘。如果表面太快上色（過了40分鐘後要檢查一下），可用鋁箔紙覆蓋。確保中央部分完全熱透，再從烤箱取出。 剩下的派，可用雙層保鮮膜包好，放入冷凍袋或再用一層鋁箔紙包覆，可冷凍保存1個月。放入冰箱隔夜解凍，再依照保存須知重新加熱。

Chocolate chip cookie dough pots
軟心巧克力餅乾盅

我的孩子們喜歡的巧克力餅乾，是那種中央部位仍呈流動狀軟心的，所以我每次做出來的餅乾，都因此很難維持外表的固體狀態。這道食譜就是解答：可用小盅烘焙的餅乾，用湯匙來吃，可自行搭配冰淇淋或法式酸奶油（crème fraîche）。這道食譜是從一個常逛的網站 thekitchn.com 中找到，再加以調整，成果令我十分滿意。如果沒有耐熱盅之類的器皿，一樣可以用派盤（pie dish）來做。我的派盤底部直徑為 20 公分，表面含邊的直徑為 24 公分，烘焙時間要多 5 分鐘。不過耐熱盅能控制出最完美，柔軟與酥脆之間（goo-to-crust）的比例，正是這道食譜的重點。

我知道，我把這道食譜算在孩子的頭上（小孩就是拿來找藉口用的），但可別以為這只是小孩子的玩意兒。下次你有朋友來吃飯，不知要做什麼當甜點時，它就是解答。

6 人份

中筋麵粉 150g	香草膏（vanilla paste）或香草精 1小匙
細海鹽 ½ 小匙	雞蛋 1大顆
小蘇打粉 ½ 小匙	黑巧克力片（dark chocolate chips）170g
無鹽奶油 110g，軟化	耐熱盅（ramekins）6個，直徑約為8cm，高約4.5cm（容量約為200ml）
淡黑糖（soft light brown sugar）85g	

- 將烤箱預熱到180℃ /gas mark 4。測量出麵粉、鹽和小蘇打，加入碗裡，用叉子混合。
- 用電動攪拌機或雙手，將奶油和糖攪拌到輕盈滑順，加入香草膏（或香草精）和雞蛋，再度攪拌混合。
- 輕柔拌入（fold in）混合麵粉，充分混合後，輕柔拌入巧克力片。
- 將麵糊平均分配到6個耐熱盅內（每個約需4½ 大匙的麵糊），方便起見，用小型抹刀（offset spatula）或小湯匙的背面，將麵糊抹開，使其完全覆蓋耐熱盅的底部，將表面抹平。
- 將耐熱盅放在烤盤上，送入烤箱，烘烤13–15分鐘。如此，內部仍呈液態，但表面已定型，邊緣呈淡褐色，並且稍微脫模。
- 靜置冷卻5 – 10分鐘，再上菜。你可舀上一杓冰淇淋，或在旁邊搭配鮮奶油或法式酸奶油（crème fraîche）。動作加快，因為冷卻時它們也會逐漸凝固。

MAKE AHEAD NOTE 事先準備須知	FREEZE NOTE 冷凍須知
麵糊可在6小時前事先製作，用保鮮膜覆蓋，放入冰箱保存。先回復室溫再進行烘焙。	將每一個裝好麵糊的耐熱盅用雙層保鮮膜包好，放入冷凍袋或再用一層鋁箔紙包覆，可冷凍保存3個月。直接以冷凍狀態進行烘焙，但烘焙時間要多加2分鐘。

Nutella brownies
榛果巧克力布朗尼

第一次做這個布朗尼，等到晚餐結束端上餐桌，我從來沒看過，比它更快在瞬間消失的食物。我自然開始思考，所有的材料－是的，所有的－都屬於我的廚房常備品，所以我知道可以隨時不必先計劃地作出來。不過，這道甜點其實等到第二天會更好吃，可惜你大概沒有機會發現。

可做出 16 塊

雞蛋 4大顆

細海鹽 1小撮

榛果巧克力醬（Nutella）250ml（270g）

糖粉 ½ 小匙

20公分的方形蛋糕模 1個

- 將烤箱預熱到 180℃ /gas mark 4。將蛋糕模的底部和周圍舖上烘焙紙。
- 將雞蛋打入攪拌盆中，加入鹽，用直立式電動攪拌機的網狀攪拌棒或手持式電動攪拌機，打發到膨脹成原來的兩倍，顏色變淡，如慕絲般輕盈；約需5分鐘。
- 將榛果巧克力醬放入可微波的量杯中，到達250ml 的刻度，用750W 微波1分鐘。或放入耐熱碗中，懸在正在煮滾水的鍋子上方約3 － 4分鐘，不時攪拌，使其溫熱軟化、帶流動感。
- 將溫熱的榛果巧克力醬攪拌一下，以細流狀倒入打發雞蛋中，同時一邊持續打發，直到榛果巧克力醬充分混合。現在的體積似乎消減不少，但不用擔心。
- 倒入準備好的蛋糕模，烘焙 17–20分鐘，表面會變乾燥，中央部分近似於果凍般柔軟。
- 不脫模，靜置到完全冷卻，邊緣會稍微脫離模型。冷卻後，切成16個方塊，擺放在盤子上，用細孔濾茶網或一般濾網，篩上一點糖粉。

STORE NOTE 保存須知	FREEZE NOTE 冷凍須知
放入密閉容器內，置於陰涼處，可保存5天，或冷藏保存1周。若天氣熱，放入冰箱保存。	將布朗尼方塊隔著烘焙紙，疊放在一起，放入密閉容器內，可冷凍保存3個月。解凍時，將布朗尼方塊放在網架上，以室溫解凍1小時，或放入冰箱隔夜解凍。

Flourless peanut butter chocolate chip cookies
無麵粉花生醬巧克力餅乾

我似乎無法停止做這些餅乾，一做好，就被吃光。幸運的是，做法非常簡單。而且剛好是無麥麩的。如果需要嚴格的無麥麩版本（例如，食客是乳糜瀉患者），請再度確認花生醬的包裝說明，因為不同廠牌使用不同的原料。從健康食品店買來的花生醬（我喜歡抹在吐司上的那種），似乎就不適用。

如果隔夜的話，這些餅乾會變軟－雖然有人就是喜歡這種口感－現做的版本比較酥脆。除了口感的差異以外，以密閉容器存放，運氣好的話，可保存一周。

可做出16片餅乾

質地滑順的花生醬（如Skippy牌）225g

淡黑糖（soft light brown sugar）100g

小蘇打粉 ½ 小匙

細海鹽 1小撮

雞蛋 1大顆

小蘇打粉 ½ 小匙

香草膏或香草精 1小匙

黑巧克力片（dark chocolate chips，我用的是Dove's Farm牌，尺寸小、品質優良，不含麥麩、牛奶和黃豆）50g

- 將烤箱預熱到180℃/gas mark 4。
- 在碗裡，攪拌混合花生醬、淡黑糖、小蘇打粉和鹽。
- 加入雞蛋和香草精，輕柔地攪拌混合，不要太用力。
- 加入巧克力片混合或輕柔拌入（fold in）。取1－2個烤盤，鋪上烘焙紙。
- 將麵團舀到烘焙紙上，間隔5－6公分，烘烤10分鐘，直到邊緣稍微上色。看起來似乎未烤熟，但冷卻後會形成完美的質感（如果你能等得及）。
- 無論如何，將餅乾留在烤盤上（因為非常易碎），靜置10分鐘。小心地一一移到網架上繼續冷卻10分鐘；不過我通常在5分鐘後就開動了。

MAKE AHEAD NOTE 事先準備須知	STORE NOTE 保存須知	FREEZE NOTE 冷凍須知
將麵團塑形成圓塚狀，放在鋪了烘焙紙的烤盤上，冷凍定型。再移到冷凍袋中，封緊，可冷凍保存3個月。可直接以冷凍狀態進行烘焙。烘焙時間要多加1分鐘。	放入密閉容器內，置於陰涼處，可保存1周。	烘焙好的餅乾可放入冷凍袋中，或隔著烘焙紙，疊放在密閉容器中，可冷凍保存3個月。放在網架上室溫解凍1個小時。

Triple chocolate buckwheat cookies
三倍巧克力蕎麥餅乾

如果你還不熟悉 procrastibaking（為了拖延手邊該做的正事，而進行烘焙）這個新詞，這道食譜就是最佳的示範。雖然我是這種行為的先鋒，但這個絕妙新詞是 Aya Reina's 發明的－我覺得它值得更廣泛的應用與認可。第一次做這些餅乾，就是在參與本書攝影工作的過程當中－我一直拖著，不想去修正食譜裡的一點錯誤（行政工作不吸引我）－突然有一股衝動，想要做一些餅乾（其實我在每一本書的攝影工作時，都曾有過這樣突然起肖，硬是插入一道無預期的食譜）。這道食譜，是從一個叫做 londonbakes.com 的網站變化而來，而網站上的配方，又是來自 Kate Shirazi 的食譜書 Chocolate Magic：這就是烹飪的故事呀。

我調整了份量，因為我想要少一點糖，多點巧克力；但這裡的主角是蕎麥，不只因為餅乾變成無麥麩版，也增添了特有的堅果味與質感，餅乾變得柔軟，有類似奶油酥餅的口感，以及一股微妙的煙燻風味。喜歡餅乾特別有咬勁的人，可能會覺得過於柔軟。但是我喜歡一般餅乾的口感，也還是對它愛不釋手。它們有入口即化的美味，而且 sui generis（獨特）。

蕎麥麵粉－是我常用的法國麵粉，法文是 farine de sarrasin，聽起來更具異國風情－本身就是無麥麩的食品，但（和燕麥一樣）常被麥麩汙染，視生產的工廠而定。如果需要嚴格無麥麩的版本，而不只是因為風味的因素，務必再度確認包裝說明。

可做出約 25 片餅乾

黑巧克力片（dark chocolate chips）150g
黑巧克力（可可固形物70% 以上）125g
蕎麥粉（buckwheat flour）125g
可可粉（cocoa）25g，過篩
小蘇打粉 ½ 小匙
細海鹽 ½ 小匙
軟化的無鹽奶油 60g
黑糖（soft dark brown sugar）125g
香草膏或香草精 1 小匙
剛從冰箱取出的雞蛋 2 大顆

- 將巧克力片倒入淺皿中放入冰箱，同時準備製作麵糊。巧克力片冷凍也可以，目的是為了讓烘焙時巧克片不會太快融化，烤好的餅乾可以保有更多巧克力片的風味與口感。
- 將烤箱預熱到180℃ /gas mark 4，取2個烤盤（也可只用1個來分批烘烤），鋪上烘焙紙。
- 將黑巧克力稍微切碎，放入適合的碗裡微波融化，或懸在滾水鍋上方融化。靜置冷卻一會兒。
- 在另一個碗裡，用叉子充分混合蕎麥粉、可可粉、小蘇打粉和鹽。
- 在另一個碗裡（我使用直立式電動攪拌機，但碗和電動攪拌機或木杓，一樣適用），混合打發奶油、糖和香草精，直到顏色呈深焦糖色，直地變蓬鬆，必要的話，用刮刀將碗周圍的奶油刮下。加入冷卻的融化巧克力攪拌，接著一次一顆，加入剛從冰箱取出的雞蛋攪拌（我發現這樣一來，就不用在烘烤前先將麵糊冷藏）。當2顆雞蛋都充分混合後，再度刮下碗周圍的蛋糊，將轉速調慢，小心地加入乾燥材料攪拌混合。
- 用木杓或刮刀，拌入（fold in）冰冷的巧克力片，用湯匙在鋪了烘焙紙的烤盤，舀上一滿匙的麵糊，每個間隔約6公分。若分批烘烤，剩下的麵糊要先放入冰箱。
- 烘烤9–10分鐘，直到餅乾的邊緣定型，但整體看起來似乎未烤熟。將烤盤取出，靜置冷卻10分鐘，再將餅乾個別移到網架上冷卻。
- 當烤盤變冷，或另一個烤盤已鋪好烘焙紙，便可將冰箱裡的麵糊取出，依照同樣程序進行烘烤。

MAKE AHEAD NOTE 事先準備須知	STORE NOTE 保存須知	FREEZE NOTE 冷凍須知
餅乾麵糊可事先製作，覆蓋冷藏，可保存3天。如果麵糊變得太硬，無法用湯匙舀，可以室溫靜置20分鐘。	烤好的餅乾放入密閉容器內，置於陰涼處，可保存5天。	將麵糊塑形成圓塚狀，放在鋪了烘焙紙的烤盤上，冷凍定型。再移到冷凍袋中，封緊，可冷凍保存3個月。可直接以冷凍狀態進行烘焙。烘焙時間要多加1分鐘。 烘焙好的餅乾可放入冷凍袋中，可冷凍保存3個月。放在網架上室溫解凍1個小時。

Seed-studded Anzac biscuits

紐澳種籽餅乾

紐澳餅乾（Anzac biscuits），據說起源於第一次世界大戰時，為了要送給長途征戰的紐澳軍隊享用，所以特意避免容易腐壞的成分。雖然我覺得在4月25日時，好好慶祝紐澳軍團節（Anzac Day，紐澳軍團1915年在Gallipoli的首次登陸）很重要，但也沒必要把餅乾做得像當時一樣又硬又乾。所以我就自行加入了南瓜籽、葵花籽和芝麻，也許捱不過長途征戰，但質感絕對更佳。它們就像是更多樣化餅乾版的堅果燕麥條（flapjacks）。

說到紐澳餅乾，有人喜歡酥脆口感，也有人－如本人－喜歡比較有咬勁的（我也喜歡用發芽燕麥做的）。為了迎合這兩種口味，我做出了3種餅乾（如下一頁的照片所示）：左邊的是口感最酥脆的版本，原料為一般的燕麥，經過12分鐘的烘烤；中間的餅乾，原料是發芽燕麥，烘烤了12分鐘；最右邊的是我的選擇，用發芽燕麥烘烤了10分鐘。請不要太介意發芽燕麥的問題，烘焙時間是更主要的決定因素。如果你的烤箱比較熱，烘焙時間會比較接近於8–10分鐘，而非10–12分鐘。

可做出約15片餅乾

軟化的無鹽奶油 100g

淡黑糖（soft light brown sugar）100g

黃金糖漿（golden syrup）2大匙 ×15ml

小蘇打粉 ½ 小匙

剛煮滾的熱水 2大匙 ×15ml

中筋麵粉 125g

原味脫水椰子粉（unsweetened desiccated coconut）50g

發芽燕麥（sprouted oats 或 porridge oats）（非即食）100g

南瓜籽 25g

葵花籽 25g

芝麻 25g

- 將烤箱預熱到180°C /gas mark 4。將2個烤盤鋪上烘焙紙（或只用1個烤盤分批烘烤）。
- 在足以容納所有材料的平底深鍋內，融化奶油、糖和黃金糖漿。離火。
- 在碗裡用熱水溶解小蘇打粉，加入鍋裡。
- 加入剩下的材料，攪拌混合。
- 用湯匙在鋪了烘焙紙的烤盤，舀上一滿匙的麵糊，間隔約2 － 3公分，使餅乾有空間膨脹，用刮刀或湯匙背面稍微壓平。
- 烘烤8–10分鐘（若要更酥脆，可再久一點），直到呈金黃色。在烘焙中途，將2個烤盤調換位置。烤好時，餅乾似乎有些太軟，但冷卻過程中會逐漸變硬到完美的質感。
- 將烤盤取出，靜置冷卻5分鐘，再將餅乾用鏟刀，個別移到網架上冷卻。

STORE NOTE 保存須知	FREEZE NOTE 冷凍須知
放入密閉容器內，置於陰涼處，可保存1周。酥脆口感的餅乾會隨著時間逐漸變軟。	烤好的餅乾可移到冷凍袋中，或隔著烘焙紙，疊放在密閉容器內，可冷凍保存3個月。將餅乾個別放在網架上解凍1個小時，再享用。

No-churn brandied pumpkin ice cream
免攪拌白蘭地南瓜冰淇淋

從 How To Ea 一書之後，我就開始製作免攪拌冰淇淋，但我可以誠心地說，從義式美味快速上桌！Nigellissima 之後的免攪拌，一個步驟做咖啡冰淇淋 One-Step No-Churn Coffee Ice Cream，我才開始懂得和煉乳（condensed milk）正式調情，用它來當作簡化冰淇淋的一份子。有的人太循規蹈矩了，不願意接受這種融合，雖然我尊重他們，但絕對不是他們的一分子。

這道食譜的起源是南瓜邦特蛋糕（Pumpkin Bundt Cake，**見289頁**），或說是因為做了那道食譜之後，剩下了一點南瓜泥。我就把它加上半罐煉乳、鮮奶油、現磨肉豆蔻（nutmeg），再倒些或多倒一些白蘭地，eccoci 你瞧！就是一道充滿香料、口味溫暖－雖然聽起來很怪－的冰淇淋。搭配它的原始蛋糕食譜，蘋果酒和五香邦特蛋糕（Cider and 5-spice Bundt Cake，**見293頁**），或更極端一點，當作今年聖誕節搭配甜點的白蘭地奶油（brandy butter）。如果要慶祝復活節，也正好可以端上來搭配熱蘋果，或是南瓜派。搭配胡桃派（pecan pie）再適合不過了。

可做出約 1 公升

罐裝南瓜泥 125g（利用第289頁食譜南瓜邦特蛋糕剩下的）

罐裝煉乳（condensed milk）½ 罐 ×397g（150ml）

濃縮鮮奶油（double cream）300ml

現磨肉豆蔻（nutmeg）1小匙

白蘭地 3大匙 ×15ml

冰淇淋空罐或密閉容器 2罐 ×500ml（或1罐容量1公升）

- 在碗裡混合南瓜泥和煉乳，攪拌混合。
- 加入鮮奶油，攪拌到開始變濃稠。
- 磨入小豆蔻，以細流狀注入白蘭地，一邊攪拌混合。
- 倒入密閉容器內，冷凍一整夜。上菜前10分鐘取出軟化。

MAKE AHEAD NOTE 事先準備須知	STORE NOTE 保存須知
冰淇淋可在1周前事先製作並冷凍。	吃不完的冰淇淋，應盡快放入冷凍，最好在1個月內享用完畢。

No-churn blackcurrant ice cream with liquorice ripple
免攪拌黑醋栗冰淇淋和甘草漣漪

如同**第280頁**的甘草和黑醋栗巧克力蛋糕（the Liquorice and Blackcurrant Chocolate Cake）一樣，這道食譜的靈感來自我最愛的硬糖（boiled sweet）。這些風味－黑醋栗的新鮮刺激與甘草的刺鼻芳香－以冰淇淋滑順、入口即化的形式傳達出來時，更令人滿足、難以抗拒。然而，不喜歡甘草的人要在此止步了，因為我在這裡用的是特別濃郁香鹹的甘草糖漿，我很愛這個東西，逮到機會是不會放過的。

我家裡備有一個舊的1公升冰淇淋罐（尺寸為18×12×7cm），因為這道食譜需要比一般500ml裝更大的空間。當然，其他類似尺寸的密閉容器也可使用。

黑醋栗不是很好買到，冷凍的版本也許比較容易找。通常我被迫要在一包綜合冷凍莓果中挑揀。如果湊不齊150g，就用100g的黑醋栗，再將黃檸檬汁增加為3大匙。

可做出約 1 公升

冷凍或新鮮的黑醋栗（blackcurrants）150g

黃檸檬汁 2大匙

煉乳（condensed milk）½ 罐 ×397g（150ml）

濃縮鮮奶油（double cream）300ml

鹹味甘草糖漿（salty liquorice syrup）3小匙

冰淇淋空罐 1公升（約為18×12×7cm）或類似尺寸的密閉容器 1罐

- 將黑醋栗倒入小型平底深鍋內（如用冷凍版本，不要解凍），加入黃檸檬汁，加蓋，以中火加熱5分鐘，形成深色的莓果湯汁。倒入稍後要用來攪拌冰淇淋的碗裡，用叉子壓碎成參雜果實的泥狀；冰淇淋裡有些風味刺激的碎莓果，會比較好。靜置冷卻。

- 加入煉乳攪拌混合，倒入濃縮鮮奶油，攪拌到質地變濃稠。將其中一半倒入冰淇淋空罐中，用湯匙的尖端，舀出一點點甘草糖漿，用斜紋狀或橫紋狀滴落在冰淇淋上，1小匙滴完後再舀 ½ 小匙加入。

- 加上剩下的一半冰淇淋，以同樣的方式，再度滴入甘草糖漿。取出金屬籤（skewer），開始作畫－在冰淇淋上畫，你手持仙女棒時會畫的圖案－讓閃亮的糖漿，在粉紅冰淇淋上織出漣漪，形成可食版本的佛羅倫斯大理石花紋。

- 蓋上冰淇淋罐的蓋子，冷凍一整夜。享用前10 － 15分鐘取出軟化。我還需要提醒你，把甘草糖漿裝入瓷罐中（jar），端上桌子搭配著吃嗎？

MAKE AHEAD NOTE 事先準備須知	STORE NOTE 保存須知
冰淇淋可在1周前事先製作並冷凍。	吃不完的冰淇淋，應盡快放入冷凍，最好在1個月內享用完畢。

No-churn matcha ice cream
免攪拌抹茶冰淇淋

我愛抹茶冰淇淋，這個版本更是深得我心。做法簡單沒錯，但令人開心－更重要的是－抹茶粉那細緻的苦味，與那濃甜得孩子氣的煉乳，竟能搭配得如此完美。你絕對猜不到，這平凡的原料，造就了如此的美味。

我第一次試做是在為本書拍攝期間，因為工作台上還留著製作抹茶蛋糕（the Matcha Cake，**見295頁**）剩下的抹茶，臨時起意嘗試看看，現在卻變成我個人最喜愛的食譜之一。

如果有一天你要做 How To Be A Domestic Goddess 裡面的熔岩巧克力小蛋糕 Molten Chocolate Babycakes，我強烈推薦你搭配這個上桌。

可做出約 1 公升

煉乳（condensed milk）½罐 ×397g（150ml）

濃縮鮮奶油（double cream）300ml

Izu Matcha 綠茶粉 2 大匙 ×15ml（見295頁抹茶蛋糕的前言）

冰淇淋空罐或密閉容器 2罐 ×500ml，或1罐 ×1公升

- 將煉乳加入碗裡，攪拌一下。加入鮮奶油，攪拌到質地開始變濃稠。
- 加入綠茶粉攪拌，形成綠色的鮮奶油。
- 倒入密閉容器中，冷凍一整夜。
- 享用前 10分鐘取出軟化。

MAKE AHEAD NOTE 事先準備須知	STORE NOTE 保存須知
冰淇淋可在1周前事先製作並冷凍。	吃不完的冰淇淋，應盡快放入冷凍，最好在1個月內享用完畢。

No-churn white miso ice cream
免攪拌白味噌冰淇淋

讓我告訴你一個關於剩菜的骨牌效應。做完了**第289頁**的邦特蛋糕之後，剩下一些南瓜泥，我就用來做成**第334頁**的免攪拌白蘭地南瓜冰淇淋。結果又剩下半罐的煉乳，所以我就拿來做成這道甜點。你可以看到，這就是我烹飪的方式。但是，我還是要解釋一下，自從我在倫敦一家小懷石料理餐廳 the Shiori（我本來想把這家餐廳當作自己的秘密）吃過後，就一直想要做出一道簡單、免攪拌的白味噌冰淇淋。

味噌冰淇淋聽起來似乎很怪，但想想鹹味焦糖醬吧，只是比它更含蓄、深沉（如果想試試鹹味焦糖冰淇淋，請上 nigella.com 查看這道食譜—免攪拌鹹味焦糖冰淇淋 No-Churn Salted Caramel Bourbon Ice Cream）。我喜歡澆上一股細流般的鹹味甘草糖漿，但比較溫和的版本，大概是滴上一些黃金糖漿（golden syrup）。就算保持原味也很棒，用格紋或一般甜筒上菜。或趁熱舀在蘋果酒和五香邦特蛋糕（the Cider and 5-spice Bundt Cake，**見293頁**）或無麥麩蘋果和黑莓派（the Gluten-free Apple and Blackberry Pie，**見302頁**）旁邊。

可做出約 1 公升

甜味白味噌（sweet white miso）100g

煉乳 ½ 罐 ×397g（150ml）

濃縮鮮奶油（double cream）300ml

冰淇淋空罐或密閉容器 2罐 ×500ml，或1罐 × 1公升

- 將味噌醬和煉乳放入碗裡，攪拌混合，並將質地打鬆。
- 加入鮮奶油，攪拌到開始變濃稠。
- 倒入密閉容器內，冷凍一整夜。
- 享用前10分鐘取出冰淇淋軟化。

MAKE AHEAD NOTE 事先準備須知	STORE NOTE 保存須知
冰淇淋可在1周前事先製作並冷凍。	吃不完的冰淇淋，應盡快放入冷凍，最好在1個月內享用完畢。

Smoky salted caramel sauce
煙燻鹹味焦糖醬汁

我有一次擔任 Stylist 雜誌的客座編輯，結果那一期幾乎全部都在討論迷人的鹹味焦糖，而我也第一次製作了這道醬汁，從此之後，再也沒停手過。就算現在有些自以為時尚者，覺得鹹味焦糖不再流行，我也不在乎。關於食物，只有好不好吃而已，流行是不斷在變化的，但是真正經得起考驗的品味，則是永恆不變。

這裡的版本，和我的原始食譜有些不同。我發現了馬爾頓 Maldon 煙燻粗海鹽，將這道甜點帶入了另一個層次。但是任何一種柔軟粗海鹽皆可。重點是脂肪、糖、鹽這罪惡鐵三角的組合，但是，我又不是要你天天吃。

一個小秘訣：有一年的聖誕節，我將它改造成鹹味焦糖白蘭地奶油（Salted Caramel Brandy Butter）：將這款醬汁（冷卻之後）和2大匙的白蘭地，攪拌成150g 的柔軟無鹽奶油。那是很棒的聖誕節。

6 人份，當作搭配蛋糕或冰淇淋的醬汁

無鹽奶油 75g
淡黑糖（soft light brown sugar）50g
細砂糖 50g
黃金糖漿（golden syrup）50g
濃縮鮮奶油（double cream）125ml
煙燻粗海鹽 2小匙或適量

- 在小型、底部厚實的鍋子裡，融化奶油、糖和糖漿，小火煮（simmer）3分鐘，不時將鍋子旋轉搖晃一下。
- 加入鮮奶油和煙燻粗海鹽，再度旋轉搖晃一下，再用木杓攪拌一下，嚐味道，但小心燙口。看看是否要多加點鹽，再加熱1分鐘，倒入罐子（jar）中。

MAKE AHEAD NOTE 事先準備須知	STORE NOTE 保存須知	FREEZE NOTE 冷凍須知
醬汁可事先準備，用密閉容器存放，可冷藏保存1周。上菜前1小時從冰箱取出回復室溫，或用平底深鍋小火加熱。	剩下的醬汁應盡快放入密閉容器中冷藏，從製作當日算起可保存1周。醬汁只能重新加熱一次。	醬汁可冷凍保存3個月。移入冰箱隔夜解凍再上菜。解凍後的醬汁，應在1周內享用完畢。

一日之初
BEGINNINGS

BEGINNINGS
一日之初

我不會占用你太多時間：沒人喜歡在一大早就聽人絮絮聒聒的。但這一章的食譜，帶給我莫大的喜悅，改變了看待早餐的態度：我現在對早餐是滿心期待。大家都知道，早餐是一天當中最重要的一餐，但以前我都必須強迫自己吃早點，通常用吐司加蛋就打發了，每天都一樣，不斷地重覆，因為我知道自己一定要吃點東西，但又不願多想。也就是說，每天早上有一個小時左右的時間，我的腦中完全無法想著食物，成了自己都不認識的怪人。幸好，這些食譜解救了我。雖然我還是要在前一天晚上先決定好要吃甚麼，以解除第二天早上臨時作決定的痛苦（像還在上班一樣，總在睡前先將第二天要穿的衣服準備好），但是心情是興奮愉快的，想著美好的食物，讓我能夠以慶祝的心情迎接新的一天。

這一章的名稱是 Beginnings 開始，恰當極了，我決定用它來當作本書的結尾，而非放在最前面，因為每一次的結束，就是新的開始，這裡的食譜就是我在廚房裡給自己的警世錄，提醒自己 carpe diem 抓住韶光、活在當下。

Matcha latte

抹茶拿鐵

我承認，當我第一次讀到有關風靡各地的抹茶拿鐵時，我覺得這又是另一個盲目跟風的例子。但是，現在我是徹頭徹尾地臣服了。抹茶粉是不便宜，但這個自製的版本，可不同於你在咖啡館買的。這些美麗的鮮綠粉末之所以貴，是有理由的：茶葉可是經過小心的照顧，首先，生長過程中要搭棚子遮蔭（以增強葉綠素、保持嫩度），然後用人工摘採。抹茶據說有許多健康益處，但至少可以肯定的是富含抗氧化物與茶胺酸（L-Theanine）。而茶胺酸－一種水溶性的胺基酸，已被證實能夠舒緩焦慮並促進放鬆與鎮靜－和茶葉裡的咖啡因一起作用時，會促進我們的認知能力。所以總體來說，是迎接一天開始的好方法。

對一向只喝工人濃茶（builder's-tea）*的我來說，覺得這道食譜很適合不喝咖啡的人，它帶點泡沫，能夠一起床就享用。裡面的牛奶帶來飽足感（我把這道飲料當作一餐）。我個人喜歡用燕麥奶來做（我的燕麥奶是專為泡咖啡用的，容易起泡），但你儘管使用杏仁奶（或含糖杏仁奶吧，如果想要糖，我個人是不加糖的），或其他自選乳品。

抹茶粉因品質差異，而有價格上的變化：我最喜歡的依序為 the Izu Matcha by Tealyra，以及 Aiya Beginner's Matcha Izumi。

*工人濃茶（builder's-tea）加了牛奶和糖的紅茶，以馬克杯飲用。

1 人份

抹茶粉 1½ 小匙，外加在表面做圖案的的量

剛煮滾的熱水 2大匙 ×15ml

自選乳品 ¾ 杯（175ml）

- 將抹茶粉舀入量杯中，加入熱水，用起泡器（frothing mixer，如 Aerolatte）混合。
- 將鮮奶用微波爐加熱 1 分鐘，或用平底深鍋放在火爐上加熱，直到冒出蒸氣。離火，用起泡器將體積膨脹到幾乎兩倍。
- 將一半的鮮奶倒入抹茶中，用起泡器混合，再加入剩下的鮮奶。若想看起來更專業，可購買那種專用的撒粉模型，選你喜歡的圖案，蓋在馬克杯上，再撒上抹茶粉。

Rhubarb and ginger compote

薑味糖煮大黃

我的食譜書裡，沒有一本少得了大黃食譜（洛杉磯時報的美食作家 Russ Parsons 說：大黃“就像是得理不饒人的好友，使生活充滿趣味”），這本也不例外。

大黃的酸味刺激，和大量的薑搭配起來，產生一種新的活力。早晨時，舀在優格上，再撒上切碎的開心果，就是一天美麗、充滿活力的開始。當季的時候，我也喜歡利用來自著名的約克夏郡（Yorkshire），Triangle 品種的美麗粉紅大黃（forced rhubarb），更是迷人。

約可做出 600ml，約為 6 － 10 份，視搭配的食物而定

大黃（rhubarb）800g（修切後重量）

生薑 1塊10公分（50g），去皮

細砂糖 200g

○ 將烤箱預熱到 190°C / gas mark 5。將大黃切小塊：細的切成 5 － 6公分小段；粗的切成 3 公分小塊。重點是要讓全部的大黃受熱均勻。放入耐熱烤皿（ovenproof dish）或烤盤中，使大黃單層擺放；我用的尺寸為 29×25×5cm。

○ 將薑縱切成薄片，再橫切對半。加入烤皿裡，用雙手和大黃拌勻。再加入細砂糖輕柔拌勻，你可以用刮刀（spatulas）幫忙，但我不介意把手弄得黏黏的。把雙手洗淨，在烤皿蓋上一張鋁箔紙，邊緣封緊，送入烤箱烘烤45分鐘。最好過了30分鐘之後，小心地將大黃和薑翻面，幫助糖溶解。我說：小心地，因為我們不要把大黃弄碎，把成品搞成稀泥狀。我希望大黃仍能維持小塊的樣子。

○ 45分鐘後，當大黃變軟但未破裂、烤皿裡呈現出粉紅色的糖汁，將烤皿從烤箱取出，取下鋁箔紙，靜置冷卻 5–10分鐘。將大型濾網架在碗或量杯上過瀝。將粉紅糖汁倒入平底深鍋中，用大火加熱濃縮。你也可以直接用原來的烤盤來加熱（若能直火加熱的話）。讓糖汁蒸發濃縮成原來的一半份量，若使用平底深鍋，約需 5–7 分鐘，或直接用烤盤加熱會更快。檢查味道和黏度。

○ 將濃縮糖汁倒入量杯或碗中冷卻－如果不要太辣，現在可將薑片挑起丟棄－澆在大黃上。讓大黃完全冷卻 2 小時，再覆蓋冷藏到第二天早上（或5天之內），或是分裝起來冷凍備用，以供應未來的早餐。

STORE NOTE 保存須知	FREEZE NOTE 冷凍須知
冷卻後的糖煮大黃可覆蓋冷藏，保存5天。	可冷凍保存3個月。放入冰箱隔夜解凍。

Spiced apple and blueberry compote
香料糖煮蘋果和藍莓

我喜歡傳統式的燉蘋果：它在刺激風味與撫慰人心之間，取得了重要而成功的平衡，因此成為完美又可食的晨鐘。

這裡加了藍莓的版本，顏色美麗，又有溫暖的辛香料，不失令人愉悅的刺激風味。若要更甜一些，儘管加入一些楓糖漿，藍莓本身的甜度也會有差異。若要舀在一碗優格上吃，因為優格已有酸度，所以可能需要再澆淋上一點額外的楓糖漿。

約可做出 500ml，約為 4 － 6 份，視搭配的食物而定

烹飪用蘋果（Bramley 品種）3顆（共約750g），去皮切成4等份

藍莓 100g

肉桂 1根

丁香 1顆

清水 ¼ 杯（60ml）

楓糖漿 2大匙 ×15ml，或適量

- 將蘋果塊切得更小，倒入附蓋、底部厚實的平底深鍋內。
- 加入藍莓、肉桂、丁香和水，加蓋，以中－小火加熱。過了2 － 3分鐘後，掀開蓋子看看是否沸騰。加蓋，繼續加熱10 － 15分鐘，每隔3分鐘左右，便用木杓攪拌一下，以防鍋底沾黏，並幫助水果分解。
- 離火，加入2大匙的楓糖漿，用木杓大力攪拌一下（不要打碎肉桂），你的面前就是紫紅色的辛香、風味刺激的糖煮水果。嚐嚐味道，看是否需要更多的楓糖漿，然後靜置冷卻。

STORE NOTE 保存須知	FREEZE NOTE 冷凍須知
冷卻後的糖煮水果可覆蓋冷藏，保存5天。	可冷凍保存3個月。放入冰箱隔夜解凍。

Bay Area
Datebook

Avocado toast with quick-pickled breakfast radishes

酪梨吐司和速醃早餐櫻桃蘿蔔

酪梨吐司是我最喜歡的早餐、午餐、下午茶和晚餐。我知道我不是唯一為它如此瘋狂的人，加上一些早餐櫻桃蘿蔔後（breakfast radishes，名字取得真好），當你肚子特別餓、擔心午餐上得太晚時，它就成了令人飽足的早餐，讓你撐好幾個小時。早餐櫻桃蘿蔔 Breakfast raddishes 又稱為法國櫻桃蘿蔔 French radishes，形狀較長，在尾端紅色的色澤漸退轉成白色；它們比較容易切成絲來醃漬。如果來不及在晚上快速地醃好蘿蔔，也可在早上時直接切一兩顆，將深紅色的辛辣蘿蔔絲，撒在鮮綠色的酪梨上。

1－2人份

醃櫻桃蘿蔔：

早餐櫻桃蘿蔔（breakfast radishes）175g

米醋（rice vinegar）125ml

冷水 125ml

糖 2大匙 ×15ml

粗海鹽 2小匙

整顆粉紅胡椒粒 2½ 小匙

酪梨吐司：

粗海鹽 ½ 小匙或適量

綠檸檬汁 2小匙

自選麵包片 1 － 2片

成熟酪梨 1顆

乾燥辣椒片 ¼ 小匙

切碎的新鮮蒔蘿（dill）1–2大匙 ×15ml

生薑 1塊1公分（5g），去皮磨碎

- 將櫻桃蘿蔔的鬚和梗切除，縱切成8等份（若體型瘦小，切成4等份即可）。放入小碗裡。
- 在小型平底深鍋內，加入米醋、水、糖、鹽和胡椒粒，加熱到沸騰。關火，攪拌使糖和鹽完全溶解。澆在準備好的櫻桃蘿蔔上，用湯匙背面壓一兩分鐘，使櫻桃蘿蔔完全淹沒。靜置冷卻。取出一些放入冰箱冷藏隔夜，當作第二天早上的早餐。剩下的放入密封玻璃罐中（附防酸性食物蓋），可保存 1 個月，供應你許多次未來的早餐。
- 將鹽加入綠檸檬汁內，將麵包烤香。當麵包在冷卻的同時，將去皮酪梨放入碗裡，加入 ¼ 小匙乾燥辣椒片、1 大匙切碎的蒔蘿和現磨薑泥，用叉子一起混合壓碎。加入鹽和綠檸檬汁攪拌一下，再用叉子混合。嚐一下味道。在麵包片上抹這夠味的酪梨泥，加上櫻桃蘿蔔（醃不醃漬都行），最後再撒上適量的辣椒片和蒔蘿。

Breakfast banana bread with cardamom and cocoa nibs

早餐香蕉麵包和小豆蔻與可可粒

我真的不准家裡的任何人把香蕉吃光，好讓它們可以變得過熟，我就有藉口來做這個了。我喜愛自己做過的各式香蕉麵包（比對香蕉本身更喜歡），但這個口味又是另一個境界。在香蕉天然濃郁的甜味之外，還嚐得到小豆蔻和可可粒，所散發出來的微妙煙燻苦味。因為當作早餐，所以不會太甜，如果喜歡放縱自己吃甜一點，可將糖增量到250g。烤熱烤香以後，抹上無鹽奶油來吃，風味絕佳（也會嚐起來更甜）。

可切出 12 大片

非常成熟或過熟的香蕉 2 根
（帶皮重量共約 250–275g）

雞蛋 2 大顆

原味流質優格或白脫鮮奶（buttermilk）200ml

清淡溫和的橄欖油 125ml

中筋麵粉（plain flour）325g

淡黑糖（soft light brown sugar）200g

泡打粉 1¼ 小匙

小蘇打粉 1 小匙

磨碎的小豆蔻（ground cardamom）2 小匙，
或從 1 大匙 × 15ml 小豆蔻莢中取出種籽磨碎

可可粒（cocoa nibs）50g

吐司模 2lb/900g × 1 個，約為 23 × 13 × 7cm

- 將烤箱預熱到 170℃ /gas mark 3。在吐司模裡鋪上烘焙紙（或在底部鋪上烘焙紙，在旁邊抹上一點葵花油）。
- 我用直立式電動攪拌機來進行以下的步驟，但你也可以用碗和電動攪拌器，或是用雙手和木杓。將香蕉壓碎成泥（如果不用直立式電動攪拌機，先用叉子和一個小碗，或是直立式電動攪拌機的槳狀攪拌棒 the flat paddle），依次打入雞蛋攪拌混合，再加入優格（白脫鮮奶）和油，然後全部攪拌混合。同時，測量出麵粉、糖、泡打粉、小蘇打粉和小豆蔻粉，加入碗裡攪拌混合。
- 將轉速調慢，一邊攪拌，一邊緩緩加入乾燥材料，將轉速稍微調高，攪拌約 1 分鐘，直到所有乾燥材料充分混合。最後，將碗周圍的殘留麵粉刮下，再快速地攪拌一下。用橡膠刮刀（spatula）或木杓，拌入（fold in）可可粒。將麵糊倒入準備好的吐司模中，送入烤箱烘烤 1 小時（最好在過了 45 分鐘之後檢查一下），直到蛋糕探針取出不沾黏。
- 將吐司模取出，不脫模放在網架上冷卻。脫模，留著底部烘焙紙，用更多的烘焙紙和鋁箔紙包覆，等上 1 天－可能的話－再享用。

STORE NOTE 保存須知	FREEZE NOTE 冷凍須知
放入密閉容器內，置於陰涼處，可保存 1 周。	可冷凍保存 3 個月。將蛋糕用雙層保鮮膜和一層鋁箔紙緊密包覆。解凍時，打開包裝，放在網架上回復室溫 5 小時。或是將蛋糕切片個別用保鮮膜包好，放入冷凍袋中，解凍時，以低溫烘烤（toast）。

Breakfast bars 2.0
早餐棒升級版

我之前的書裡已有一道早餐棒食譜，但這是全新的改良版：無麥麩、無奶，富含種籽，能讓你活力多多。我沒有加糖，但在你以為這是無糖版本之前（雖然我也可如此宣稱）請記得，椰棗的天然甜味基本上也是糖份，雖然是未經加工且富含纖維。材料清單不短，你可自行更動，但請記得其中的比例搭配，有助於口感的酥脆，並提供使人安心的豐富營養。例如，你可以用葵花籽來取代亞麻籽，或是一半一半。你也可以用爆米香（puffed rice，必要的話，選無麥麩的）或蕎麥片（buckwheat flakes）來代替玉米脆片（cornflakes）。理論上，玉米脆片（和燕麥）應是無麥麩的，但必要時，請確認包裝上的說明。

若買不到滿左爾椰棗（medjool dates），可用350g的去核乾燥椰棗，將水增量到400ml。加熱時間也要從5分鐘增長為10分鐘，才會夠軟，能夠壓成泥狀。

趁著周末做出這些早餐棒，在接下來忙碌的周間早晨，便可抓了就走。對付下午4點的無精打采時段，也很有用。

可做出16塊

滿左爾椰棗（medjool dates）250g

肉桂粉 2小匙

冷水 325ml

枸杞 75g

南瓜籽 75g

亞麻籽（brown flaxseeds）150g

可可粒（cocoa nibs）50g

奇亞籽（chia seeds）25g

玉米脆片（cornflakes）25g（必要的話，確認為無麥麩）

有機燕麥片（organic porridge oats）100g（非即溶）

20公分的方形烤盤 1個

- 將烤箱預熱到180°C /gas mark 4。在烤盤的底部和周圍舖上烘焙紙。將椰棗去核，用手撕碎，放入小型平底深鍋內，加入肉桂粉，加入水淹沒，加熱到沸騰後煮5分鐘。關火，用叉子壓成粗糙的泥狀。

- 將剩下的全部材料放入大碗裡，加入椰棗泥，攪拌混合（我用戴上可拋棄式手套的雙手來做）。

- 倒入準備好的烤盤中，烘烤30分鐘，直到變硬定型，表面呈金黃色，邊緣的顏色變深。不脫模冷卻，待冷後再脫模切塊。

STORE NOTE 保存須知	FREEZE NOTE 冷凍須知
放入密閉容器內，置於陰涼處或冰箱，可保存1周。	將早餐棒個別用保鮮膜或鋁箔紙包好，放入冷凍袋中，或隔著烘焙紙，疊放在密閉容器內，可冷凍保存2個月。解凍時，放在網架上，回復室溫約2小時。

Chai muffins

印度香料茶馬芬

把茶做成馬芬，似乎是很理想的早餐，這些溫暖的印度香料帶來了芳香與濃郁，而不厚重。這是無奶(dairy-free)的版本，想要的話，可輕易用低脂鮮奶來取代以下的杏仁奶。如果買不到斯佩耳特白麵粉(white spelt flour，做成馬芬非常好)，就用300g的一般中筋麵粉和100g的全麥麵粉(不是高筋麵粉 bread flour)來代替。我要它的做法越簡單越好，因為這真的是特別美味的馬芬。

說到這裡，最好在製作的前一天晚上，就將杏仁奶(或鮮奶)浸泡入味、冷卻，再量出所有的材料，將雞蛋取出備用。這樣第二天一早進廚房時，就可捲起袖子開工，而不用皺起眉頭。

可做出 12 個

無糖杏仁奶（almond milk） 225ml

印度香料茶（Chai）茶包 2包

肉桂粉 1小匙

斯佩耳特小麥粉（white spelt flour）400g

泡打粉 2 ½ 小匙

淡黑糖（soft light brown sugar）150g

天然帶皮杏仁 75g，稍微切碎

雞蛋 2大顆

葵花油 150ml

12個的馬芬盤1個

- 將杏仁奶和2個茶包裡的香料（我是直接在鍋子上方撕開茶包，加入裡面的香料），以及肉桂粉一起溫熱並攪拌混合，靜置冷卻備用。
- 同時將烤箱預熱到200°C /gas mark 6，將馬芬模舖上紙模。
- 在大碗裡，測量出麵粉、糖和切碎的杏仁（預留出2大匙備用），均勻混合。
- 杏仁奶冷卻後，加入雞蛋和油，攪拌混合。
- 將混合杏仁奶加入乾燥材料中，用木杓攪拌，但不要用力過度，略帶顆粒（不完全滑順的）的麵糊，能做出質地較輕盈的馬芬。
- 將麵糊分裝入馬芬模中，平均撒上剩下的碎杏仁，烘烤20–25分鐘，直到蛋糕探針取出不沾黏，馬芬稍微膨脹，表面呈悅目的金黃色。
- 將馬芬移到網架上冷卻10分鐘，再大口享用。

STORE NOTE 保存須知	FREEZE NOTE 冷凍須知
最好在製作當天享用，否則，放入密閉容器內，可保存1 – 2天。重新加熱時，以預熱 150°C /gas mark 2的烤箱，加熱8分鐘。最好在溫熱時享用。	完全冷卻的馬芬，可隔著烘焙紙，疊放在密閉容器內，或個別用保鮮膜包好，放入冷凍袋中，可冷凍保存3個月。解凍時，放在網架上，回復室溫約1小時。依照保存須知來重新加熱。

Buckwheat, banana and carrot muffins
蕎麥、香蕉和胡蘿蔔馬芬

這可能不是你見過最漂亮的馬芬，但咬下一口，絕對能夠名列於你嚐過最好吃的。一眼看去，它的美味並不明顯，這是因為蕎麥本身是無麥麩的，所以馬芬在烘焙中不會膨脹得那麼多。但重要的是－無麥麩烘焙不見得都能達到這個要求－它的質地輕盈而豐滿。裡面的香蕉、胡蘿蔔和杏仁粉，使馬芬香甜濕潤，但是真正的主角，是蕎麥的香酥堅果味。說到這裡，雖然蕎麥本身不含麥麩，但製造商都會提醒，同時負責製作麵粉的輾粉廠，會有交叉使用生產線的可能性，所以如果必要，請再度確認包裝上的無麥麩說明。

可做出12個

成熟香蕉 1根	杏仁粉 50g
無蠟黃檸檬的磨碎果皮和果汁 1顆	小蘇打粉 ½ 小匙
淡黑糖（soft light brown sugar）75g	無麥麩泡打粉 2小匙
雞蛋 2大顆	胡蘿蔔 250g，去皮磨碎
清淡溫和的橄欖油 150ml	芝麻 1½ 小匙
蕎麥粉 150g	12個的馬芬盤1個

- 將烤箱預熱到200°C /gas mark 6，將馬芬模舖上紙模。
- 將香蕉放入大碗中壓碎，加入黃檸檬果皮和果汁， 加入糖、雞蛋和油，攪拌到質地滑順。
- 在另一個碗裡（足夠容納所有材料），混合蕎麥粉、杏仁粉、小蘇打粉和泡打粉，用叉子充分混合。
- 將香蕉泥倒入乾燥材料中，加入磨碎的胡蘿蔔，用木杓攪拌到充分混合。
- 用冰淇淋杓（或其他適當的工具），將麵糊舀入紙模中（份量剛好裝滿）。撒上芝麻烘烤15–20分鐘。
- 當探針取出不沾黏，就表示馬芬烤好了。從烤箱取出，放在網架上冷卻。我喜歡直接將馬芬個別取出，放在網架上冷卻，但這是因為 1）我的手特別不怕燙 2）我超級沒耐心。所以你可以等到不燙手時再這樣做。我喜歡趁熱吃，但胡蘿蔔和香蕉所提供的水分，表示冷食時也一樣可口。

STORE NOTE 保存須知	FREEZE NOTE 冷凍須知
最好在製作當天享用，否則，放入密閉容器內，置於陰涼處，可保存5天。重新加熱時，以預熱 150°C /gas mark 2的烤箱，加熱5 – 7分鐘。	完全冷卻的馬芬，可隔著烘焙紙，疊放在密閉容器內，或個別用保鮮膜包好，放入冷凍袋中，可冷凍保存3個月。解凍時，放在網架上，回復室溫約1小時。依照保存須知來重新加熱。

Pomegranate muesli
石榴燕麥片

以前，我的外婆在每天晚上，都會先將第二天早上要吃的水果燕麥片（Bircher muesli）準備好。我喜歡看著她以平靜而專心的態度，熟練地進行著這日復一日的固定儀式，即使這就代表我的上床時間到了。但不論當時或現在，我都無法接受她的燕麥片版本：我受不了鮮奶裡加入碎蘋果的傳統。現在的這個版本，我外婆恐怕會覺得太奢侈了，無法接受。她大概會特別抱怨，我竟然使用罐裝的石榴籽，但是這樣我比較開心呀，而她一定是想要我開心的。

我覺得這裡的燕麥奶很美味，但你當然可自行替換成你要的乳品種類。理論上，燕麥應是不含麥麩的，但若是必要，請再度確認包裝說明。

1 人份

大燕麥片（jumbo or sprouted oats，非即食）¼ 杯（25g）

自選乳品 ⅔杯（150ml），外加適量

乾燥柔軟杏桃（dried apricots）2 – 3顆

切碎的天然帶皮杏仁或杏仁片（flaked almonds）1–2大匙 ×15ml

石榴籽 2大匙 ×15ml

流質蜂蜜，上菜時澆上（可省略）

- 測量出燕麥片加入碗裡，倒入乳品。加入剪碎的杏桃：直接在碗上方，用剪刀剪碎加入最簡單。攪拌混合，用保鮮膜覆蓋，放入冰箱或置於陰涼處，保存一整夜。
- 第二天早上再攪拌一下，混合膨脹的燕麥、水果和乳品－應該不用再加了，因為一開始的份量就蠻多的－拌入一半的切碎杏仁和石榴籽，最後再適量撒上一些。喜歡吃甜的人，可澆上蜂蜜。

RINSE & RETURN

Toasty olive oil granola
香酥橄欖油蜂蜜果麥

這是簡樸版本的蜂蜜果麥（granola）－因為裡面沒有乾燥水果，但絕對夠奢華。它不像一般的版本會黏結成塊，因為沒那麼甜。也就是說，這不是那種像走後門偷渡進來的甜膩果麥，這正是我喜歡的。

我喜歡加入杏仁奶享用，偶爾加上一些新鮮莓果－這裡我最喜歡的搭配是黑莓－但是搭配優格和藍莓也很棒。我常常直接用手從玻璃罐裡抓了就吃。

可裝滿 1.5 公升的玻璃罐

燕麥片（rolled oats，非即食）300g，最好是有機的
薑粉 2小匙
肉桂粉 2小匙
粗海鹽 1小匙
天然帶皮杏仁 100g
葵花籽 75g
南瓜籽 75g
亞麻籽（brown flaxseeds）50g
杏仁片（flaked almonds）50g
芝麻 25g
特級初榨橄欖油 125ml
楓糖漿 125ml

大型烤盤 1個，約為 46×34×1.5cm

- 將烤箱預熱為150°C /gas mark 2，將烤盤鋪上烘焙紙。
- 將燕麥片倒入大碗中，加入香料和鹽，充分混合（我用雙手）。
- 加入全部的堅果和種籽，再度充分混合。
- 在量杯裡，混合油和楓糖漿，倒入堅果碗中，用叉子或戴了拋棄式手套的雙手充分混合。倒在準備好的烤盤上，搖晃一下使其均勻分散。
- 送入烤箱，烘烤30分鐘，用2支湯匙或抹刀將果麥翻面，使背面也能充分烘烤。放回烤箱裡，續烤約30分鐘。將烤盤取出，放在網架上冷卻。

STORE NOTE 保存須知

放入密封玻璃罐或密閉容器中，可保存1個月。

Maple pecan no-wait, no-cook oats
楓糖胡桃免等免煮燕麥

這會出現在我早餐時刻表最明顯的位置，因為立即可食，幾乎不用事先準備。就算不是救命食物，也是保有好心情的妙方，最適合當我需要馬上出門，要快速做點東西吃的時候。不過，若是靜置一會兒，它的風味會更加滑順綿密，所以你要的話，盡可在前一晚睡覺前先混合好。

1 人份

原味優格 ⅔杯（150ml）
肉桂粉 ½ 小匙
楓糖漿 4小匙
細粒燕麥糠（fine oat bran）4小匙
搗碎的胡桃（pecans）4小匙

- 將優格倒入碗中，加入肉桂粉攪拌，再加入2小匙的楓糖漿和4小匙的燕麥糠。
- 在小杯子裡，混合碎胡桃和剩下的2小匙楓糖漿，舀在優格上。夥伴們，這樣就完成了。

Chia seed pudding with blueberries and pumpkin seeds

奇亞籽布丁和藍莓與南瓜籽

嗯，如果我不喜歡奇亞籽布丁，就把我打暈吧。但是我一開始的確是很驚訝的。奇亞籽本身沒有味道，所以將用來浸泡的乳品，先用肉桂、玫瑰水和橙花水來調味，給自己來份充滿異國風情的早餐。奇亞籽的特色（除了營養價值據說極其豐富，簡直是塵世中的超級正能量以外）在於質感，而這不是每個人都喜歡的口味。種籽經過液體的浸泡膨脹以後，形成的口感的確很像西谷米 tapioca，我學生時期，就喜歡這青蛙卵＊。如果你不敢嘗試，請記得它那美妙（對我而言）的黏滑濃稠質感之中，還帶有南瓜籽的酥脆口感，與多汁鮮甜的莓果。

＊英國小學營養午餐中出現的西谷米（tapioca）常被戲稱為青蛙卵（frogspawn）。

1 人份

杏仁奶（almond milk）¾ 杯（175ml）
肉桂粉 ½ 小匙
玫瑰水 ½ 小匙
橙花水 ½ 小匙

黑或白奇亞籽（chia seeds）1½ 大匙
藍莓 ⅓ 杯（約 50g）
南瓜籽 2大匙 ×15ml

果醬用玻璃瓶或其他密封玻璃罐 1 個 ×250ml

- 因為奇亞籽放入杏仁奶（或鮮奶）內浸泡之後，需要常常攪拌，所以我覺得用小玻璃罐（preserving jars）來做會比較方便，只要拿起來搖晃一下即可，而不用把保鮮膜拿開、攪拌一下，再把保鮮膜蓋回去，然後不斷重覆這枯燥的手續。在玻璃罐裡加入杏仁奶（或鮮奶），加入肉桂粉攪拌一下（不會溶解，只會浮在表面上），加入玫瑰水、橙花水和奇亞籽。旋緊蓋子，搖晃一下。在接下來的 15 分鐘內，搖晃 3 － 4 次，再放入冰箱冷藏一整夜。

- 打開蓋子，將呈膠狀的奇亞籽布丁攪拌一下，撒上藍莓和南瓜籽再享用（另一個優點是，這款早餐可以輕易帶著走）。或是將奇亞籽布丁倒入碗裡，將種籽和莓果更充分地混合。

Fried egg and kimchi taco
炒蛋和韓國泡菜玉米餅

這絕對是宿醉早晨的最佳早餐，雖然我不會只等到這種時刻享用。只要可以找到機會使用泡菜－酸辣的韓國醃菜－的時候，我絕對不會放過。周六早上11點，當我在家裡開心地晃來晃去（帶著清醒的頭腦），找東西吃（當作遲來的早餐或提早的午餐時）時，我常常就用這個來大快朵頤。

1 人份

柔軟的玉米餅（soft corn tortilla）1張	雞蛋 1大顆
葵花油 2大匙 ×15ml	粗海鹽 1小撮
新鮮紅辣椒 ½ 根（去籽與否皆可），切碎	韓國泡菜 ¼ 杯（4大匙 ×15ml）

- 取一個直徑約20公分的鑄鐵鍋或底部厚實的平底鍋，在火爐上加熱，再放入玉米餅溫熱：先加熱1分鐘，再翻面乾煎30秒，再移到盤子上。
- 在鍋子裡加入油，和一半的切碎辣椒，當辣椒的顏色在熱油裡稍微變淡後，打入雞蛋，在蛋黃上撒鹽，澆上旁邊的熱油，直到蛋白凝固。移到玉米餅的中央。
- 在雞蛋周圍放上泡菜，在雞蛋和泡菜上撒剩下的辣椒碎。然後我喜歡把蛋黃刺破，抹在泡菜和玉米餅上，再摺疊成半月形的三明治，湊到嘴邊大口享用。

Sweet potato, black bean and avocado burrito

甘薯、黑豆和酪梨墨西哥卷

因為我家裡總是有已經烤好的甘薯等著，所以不須特別為了這道食譜準備，但如果你需要從頭開始，請記得以下材料單上的 ½ 杯甘薯泥，就是1顆170g重的甘薯，用220℃ /gas mark 7的烤箱，爐烤1小時後放涼做成的。我用的是罐頭豆子，但如果你做了古巴黑豆（Cuban Black Beans，**見214頁**）有剩下的，當然就用這個。

我使用容積來測量這些食材，因為這樣在早晨或周末時更加方便，而且墨西哥卷好吃的秘訣在於食材的比例，而非個別的實際重量。

2－4人份

墨西哥卷餅皮（burrito wraps）2張 ×25公分

冷甘薯泥 ½ 杯（約125g）

原味優格 2大匙 ×15ml

匈牙利紅椒粉（pimentón picante or paprika）1小匙

小茴香籽粉（ground cumin）1小匙

粗海鹽 2大撮

黑豆（black beans）1杯/170g（約 ¾ 罐 ×400g），瀝乾

成熟番茄 2小顆，稍微切碎

切碎的新鮮芫荽 ¼ 杯（4大匙 ×15ml），外加撒上的量

成熟酪梨 1顆，切半、去核再切片

磨碎的切達起司或其他自選起司 ⅓ 杯（約30g）

- 將烤箱預熱到200°C /gas mark 6。
- 在面前攤開2張餅皮。用叉子混合甘薯泥、優格、紅椒粉、小茴香籽粉和足量的鹽，抹在這2張餅皮上。
- 在碗裡，用叉子背面稍微壓碎黑豆，加入切碎番茄、另一大撮鹽和切碎的芫荽，混合均勻。分成兩份，加在甘薯泥上。同樣地加上各一半的酪梨片，再平均加上各半量的磨碎起司。移到烤盤上，加熱5分鐘。如果一個烤盤放不下，可用二個烤盤，或是分批來烤，2個人先分食第一個烤好的（不捲起來）。
- 烤好後，像真正的墨西哥卷一樣捲起來吃，或是像披薩一樣切成4等份享用（可供應較多人份）。將三角形柔軟的那一角，搯上較酥脆的那一邊，就是完美的早餐，或是一天當中任何時刻都可享用的三明治。

Oat pancakes with raspberries and honey

燕麥煎餅和覆盆子與蜂蜜

如果你答應一個8歲的小孩子做煎餅，這個版本大概不是他想的那種，但這並不表示，我們其他人不會喜歡。不妨想成是那種加上起司來吃的燕麥餅乾（oatcakes），只是做成煎餅形狀而已；如同一般的柔軟煎餅，其中的美味還是由配料來決定。我在這裡做的是蜂蜜和覆盆子糖漿；柔軟的燕麥煎餅，與蜂蜜以及覆盆子的搭配，有著濃郁的蘇格蘭風情。因此，我想到加上一點威士忌說不定也不賴。另外，為了表示對偉大的喀里多尼亞（Caledonia）* 傳統點心格拉那恰（Cranachan）的尊重，也加入了一杓打發鮮奶油。

因為不含麵粉，所以屬於無麥麩食物（若要嚴格無麥麩，為了避免生產線交叉使用的可能性，請再度確認燕麥包裝上的說明）。如果使用燕麥奶或杏仁奶，來代替材料單上的全脂鮮奶，這道食譜也成為無奶配方（dairy-free）了，這樣的話，也必須省略打發鮮奶油。

* 喀里多尼亞（Caledonia）是古羅馬時期的拉丁語地名，主要指現今大不列顛島上蘇格蘭地區。

可做出 6－8 張煎餅，可供應 2 － 3 人

流質蜂蜜 150g

冷凍（或新鮮）覆盆子 150g

燕麥（porridge oats，非即食）100g，最好是有機的

粗海鹽 ¼ 小匙

泡打粉 1 小匙

肉桂粉 1½ 小匙

燕麥奶或自選乳品 100ml

雞蛋 1 顆

香草膏（vanilla paste）或香草精（vanilla extract）1 小匙

葵花油 1 小匙

- 將蜂蜜和覆盆子放入小型平底深鍋中，用中火加熱並時常攪拌，直到莓果解凍，應需不到 3 分鐘。離火。
- 將燕麥和鹽放入果汁機或食物料理機的小碗中，打碎成如麵粉般細碎，雖然不會如一般麵粉細緻。
- 倒入碗中，加入泡打粉和肉桂粉混合。
- 在量杯中，攪拌混合鮮奶、雞蛋和香草精。緩緩倒入麵粉中，一邊攪拌到充分混合。如果麵糊太乾，可再加入一些鮮奶或自選乳品，燕麥會吸收水份，所以這個麵糊不需靜置最好馬上使用。
- 在不沾橫紋鍋（griddle）（或大型鑄鐵鍋或底部厚實的平底鍋）中，加入 ½ 小匙的油，用 1 張廚房紙巾將油在鍋底抹勻。將鍋子以中火加熱，夠熱時，加入麵糊（使用容積為 ¼ 杯的量杯，但只裝三分之二滿 ）。一次應可做出 4 張煎餅，一面約需加熱 2 分鐘。一般來說，當你看到煎餅表面開始冒泡便應翻面，這個原則是對的，但這裡的氣泡並不明顯。所以，當其中一個煎 2 分鐘後，將鏟子插入底部，看是否煎熟，是的話便可將全部的煎餅翻面，再煎 2 分鐘。一個不變的原則是，在加熱時，不要去壓煎餅，也不要翻面超過一次。第一批的 4 張煎餅煎好後，疊放在盤子上，用乾淨的布巾覆蓋。在鍋子裡重新加上油，依照同樣的程序進行。
- 澆上溫熱的覆盆子與蜂蜜後，立即上菜－燕麥會持續地吸取水分，靜置後的煎餅也會變乾。

Dutch baby

荷蘭寶貝煎餅

我只有在美國吃過荷蘭寶貝煎餅，端上桌時呈現一種了不起的姿態：膨脹得超大的煎餅呈金黃色，以烹飪用的鑄鐵鍋直接上菜。當然我得自己嘗試看看。我家不是餐廳，不想為每個人都端上一個沉甸甸的鍋子，我的版本更巨大，好讓大家一起分食；可以確定的是，這絕對不只是一個小的寶貝。如果有人來共度周末早餐，這個非常適合：首先，它有驚人的賣相；其次，不需要你像小吃店老闆一樣守在火爐前。

這道料理名稱裡的“荷蘭 Dutch”一字其實與該國並無關係，而是因為這道煎餅來自德裔美國人，而他們又被稱為 the Pennsylvania Dutch，最初的作法其實是搭配融化奶油、糖和黃檸檬享用，現在也還找得到。

這種烘焙煎餅（baked pancake），在許多北歐國家都常見：瑞典有 ugnspannkaka，就像我們的約克夏布丁（Yorkshire Pudding）。不過，等到美國人想出這個點子，才開始被當作早餐。

當然，想要的話，儘管在這個巨無霸煎餅上撒細白糖（granulated sugar）和黃檸檬汁；想要看起來更專業一點，可搭配培根和楓糖漿。我喜歡加上莓果和糖粉，再配上一碗法式酸奶油（crème fraîche）。我承認，還會澆上一匙楓糖漿。

4－6人份

雞蛋 3大顆

細砂糖 1大匙 ×15ml

全脂鮮奶 150ml

中筋麵粉 100g

香草膏或香草精（vanilla paste or extract）1½ 小匙

鹽 1小撮

現磨肉豆蔻（nutmeg）適量

無鹽奶油 25g

TO SERVE 上菜用：

糖粉

莓果

法式酸奶油（crème fraîche）

楓糖漿

鑄鐵鍋或小型烤盤1個 ×25公分，尺寸約為 28×21×4.5 cm

- 將烤箱預熱到220℃ /gas mark 7，並立即放入鍋子加熱。同時來準備麵糊。
- 用電動攪拌機將雞蛋和細砂糖打發到冒泡輕盈。加入鮮奶、麵粉、香草精、鹽和磨碎的小豆蔻，攪拌形成質地稀但滑順的麵糊。
- 戴上厚的耐熱手套，將鍋子從烤箱取出。小心地在鍋裡（或烤盤裡）加入奶油，搖晃一下，使奶油融化後，立即倒入麵糊，將鍋子再度送入烤箱中。
- 烘烤到麵糊膨脹呈金黃色，約需18－20分鐘。
- 想要的話，撒上糖粉、莓果上菜，或參見前言說明。

MAKE AHEAD NOTE 事先準備須知

麵糊可在前一晚製作。覆蓋冷藏到需要時再取出。使用前稍微攪拌一下。

French toast soldiers with maple syrup
法式吐司兵和楓糖漿

我通常不是走可愛路線的人，但在進行本書拍攝工作時，我突然有一股衝動－大概是歇斯底里的精神，而非一時神來之舉－把打出雞蛋（用來做法式吐司）的蛋殼洗淨，痛苦地把薄膜一點點取出，然後裝入楓糖漿。我平常的做法是，直接將楓糖漿倒入2個蛋杯（egg cups）中，再插入小法式吐司兵。當然，我在這裡設計的擺盤，更能傳達這道料理標題的含意。

我喜歡用的，是一片薄薄密實的酸種麵包 pain Poilâne（現在這真的是法國的法式吐司了），但任何一種質地密實的酸種麵包皆可（或其他種類）。我會建議你，不要用市售塑膠袋包裝的切片吐司或質地太過輕盈的。

忘了說一句，除了當作早餐，它也是絕佳的宵夜良伴。

1 人份

酸種麵包 2片，切除麵包邊

雞蛋 1顆，小心打散以保留蛋殼

全脂鮮奶 2大匙 ×15ml

香草膏或香草精（vanilla extract or paste）1小匙

奶油 1小匙（5g）

葵花油 ¼ 小匙

楓糖漿，上菜用

- 將麵包片各切成2等份約二指寬，就是我們的4個小士兵，剛好能裝入盛了楓糖的蛋殼中（若是不想麻煩，就直接用蛋杯）。
- 在一個淺盤裡（能夠容納所有的小士兵），攪拌混合雞蛋、鮮奶和香草精。將小士兵浸入，一面約浸2分鐘，使小士兵濕潤但未破碎。盤底可能還會剩下一點蛋汁。
- 用鑄鐵平底鍋或底部厚實的不沾平底鍋，加熱奶油和油。當奶油融化時，加入2個小士兵，以中火將每面各煎2分鐘，直到呈溫暖的金黃色，小心不要煎上焦色。
- 從鍋子取出後，擺放在盤子上，準備好蛋杯。
- 將蛋殼清洗乾淨，放入蛋杯中，加入楓糖漿；更明智的做法是，直接在2個蛋杯（或1個小碗）裝入適量的楓糖漿。無論如何，將吐司小士兵浸入楓糖漿中，以寧靜的美好心境，享受入口的這一秒。

Baked French toast with plums and pecans
李子與胡桃的烤法式吐司

若要為一大群人準備法式吐司，這就是你的食譜啦。它特別省事，因為你可以在前一晚準備好，尤其是你要請人來家裡吃早午餐的時候，或是（更適合的時候）朋友來家裡過夜，而你必須準備早餐。

事實上，你的確『需要』在一天前開始準備，讓麵包有時間變得不新鮮（stale）（或臨時用低溫烤箱來做）。當然，理論上你應該直接使用不新鮮的布利歐許麵包，但我們一般不常看到500g 的不新鮮布利歐許麵包吧。我因為懶惰，所以買市售切片好的布利歐許麵包，你當然可以使用一般的布利歐許麵包（或是哈拉麵包 challah），然後切成小於 1.5 公分厚度的麵包片。

可切成 12 塊

布利歐許麵包（brioche loaf）1 條（約 500g），切片

奶油，塗抹用

淡糖漿漬紅李（red plums in light syrup）2 罐 ×570g

雞蛋 6 大顆

細砂糖 50g

濃縮鮮奶油 500ml

全脂鮮奶 500ml

肉豆蔻粉（ground nutmeg）½ 小匙

表面碎粒：

切碎的胡桃（pecans）50g

肉桂粉 2 小匙

軟化的無鹽奶油 2 小匙（10g）

楓糖漿 125ml

耐熱皿（ovenproof dish）1 個，尺寸約為 30×20×5cm，或橢圓形 33×23cm

- 將每片麵包斜切成三角形，放在網架上晾乾：約需6小時至1天左右，視天候而定。也可直接放入預熱為100℃/gas mark ¼ 的烤箱，烘烤15 – 20分鐘（中途翻面一次）。

- 麵包夠乾以後，在烤皿稍微抹上奶油，將濾網架在量杯或碗上方，瀝乾罐頭糖漬李子。將所有果核取出，糖漿預留備用。將瀝乾、去核的李子倒入烤皿底部。將麵包片（可重疊）擺放在李子上，同時準備卡士達（custard）液。

- 將雞蛋、糖、鮮奶油、鮮奶和小豆蔻攪拌混合，倒在麵包片上。將麵包壓一下，以幫助吸收濃郁汁液。用保鮮膜覆蓋好，置於陰涼處2小時以內，或冷藏一整夜。有時間的話，先回復室溫，再送進烤箱。

- 將烤箱預熱到180℃/gas mark 4。製作表面碎粒（streusel topping）：在碗裡用手混合磨擦碎胡桃、肉桂粉和奶油，直到形成深色的碎粒狀，鋪在浸泡了卡士達液的麵包片上。送入烤箱，烘烤45 – 50分鐘，直到表面膨脹上色、蛋奶餡凝固。若是從冰箱取出後直接送入烤箱，烘焙時間要延長10 – 15分鐘。烤好後，從烤箱取出，靜置10 – 20分鐘再上菜。

- 將預留的罐頭淡糖漿倒入平底深鍋內，加熱滾煮使其濃縮到250ml（約需6 – 7分鐘）。在煮滾過程中，可能需要查看好幾次，所以在旁邊準備好一個耐熱量杯。當份量到達250ml左右，便可加入楓糖漿溫熱一下，再倒入量杯或2個小醬汁壺來上菜。

MAKE AHEAD NOTE 事先準備須知	STORE NOTE 保存須知
麵包和其他材料可在1天前組合。覆蓋冷藏（烘焙前1小時從冰箱取出）。 表面碎粒可在1天前做好，覆蓋後置於陰涼處保存。 糖漿可在1天前做好。放入密閉容器內或密封玻璃罐再冷藏。上菜前，可放入平底深鍋內，用小火加熱。	剩菜冷卻後，在製作完成的2小時內覆蓋冷藏。可保存2天。冷食，或以微波爐用短時間重新加熱個人份量（遵照製造商指示）

Soda bread buns with fennel seeds and cranberries

茴香籽與蔓越莓的蘇打小餐包

我會建議你，用大量的無鹽奶油來搭配這些餐包，當作早餐，這樣對我來說，甜度就夠了；如果想要餐包本身更甜一點，可在優格和雞蛋裡加入50ml的流質蜂蜜。像其他的蘇打麵包一樣，它們若是搭配起司，也會像搭配奶油與果醬一樣好吃。裡面的茴香籽散發出一點異國風情，加上蔓越莓的甜酸風味，在在增添一股愛爾蘭起居室的溫馨風情（也許只是幻想）。雖然我不會那麼勤勞、每天做這個餐包當早餐，如果有時間，我很樂意用雙手揉出麵團做出一批。如果你快速地掃描一下食譜，便會發現做法並不難。

可做出 8 個

無鹽奶油 50g

中筋麵粉 150g

全麥麵粉 100g，外加切割與手粉的量

細海鹽 1 小匙

泡打粉 1½ 小匙

小蘇打粉 ¾ 小匙

多香粉（ground allspice）¾ 小匙

流質原味優格或白脫鮮奶（buttermilk）150ml

雞蛋 1 大顆

乾燥蔓越莓（cranberries）75g

茴香籽 2小匙

- 將奶油融化，讓它冷卻一下。將烤箱預熱到220℃ /gas mark 7。在烤盤鋪上烘焙紙。
- 在大碗裡，用叉子混合兩種麵粉、鹽、泡打粉、小蘇打粉和多香粉。
- 在量杯或類似的容器中，將優格（或白脫鮮奶）和雞蛋攪拌混合，再加入冷卻的融化奶油攪拌。
- 將混合優格倒入麵粉中，加入乾燥蔓越莓和茴香籽，用木杓攪拌混合。最後當麵團逐漸成形時，再用雙手混合。
- 將這濕黏的麵團倒在撒了手粉的工作台上，稍微塑成後切半，再各切成4等份，所以共得出8小塊。將每塊稍微塑成球形，以適當的間隔，平均分配在舖了烘焙紙的烤盤上。
- 用剪刀在表面剪出一個小X形，再用手指在表面撒上一點全麥麵粉。
- 烘烤15分鐘，直到上色，用手指輕敲底部發出空洞聲。靜置冷卻10分鐘再享用。

MAKE AHEAD NOTE 事先準備須知	STORE NOTE 保存須知	FREEZE NOTE 冷凍須知
麵團可在3個月前準備好，冷凍備用。將麵團塑形成小餐包形，放在舖了烘焙紙的烤盤上，冷凍定型。再放入冷凍袋中，封好冷凍保存。可從冷凍狀態直接進行烘焙，撒上一點全麥麵粉，將烘焙時間延長2分鐘。	最好在製作當天享用。吃不完的可放入密閉容器中，保存1 – 2天。送入預熱為150℃ /gas mark 2的烤箱，烘烤8–10分鐘，或撕成2半，放在預熱好的炙烤架（grill）下方烤熱烤香。	烤好的小餐包可放入冷凍袋中，冷凍保存3個月。放在網架上解凍2小時，再依照保存須知指示重新加熱。

Oven-baked egg hash
烘烤嫩蛋馬鈴薯

我把它收錄在這裡，因為沒有比嫩蛋馬鈴薯更能代表“周末早餐”的東西了。雖然如此，你一定也會很樂意將這道料理當作晚餐享用。雖然需要花一點時間切菜，但馬鈴薯不用削皮，所以並不是太費工。事實上，這道早午餐做起來十分輕鬆，而我很榮幸地告訴你，嚐起來也會讓你覺得十分值得。

6 人份

橄欖油 3大匙 ×15ml

蠟質馬鈴薯 750g

紅洋蔥 1顆，去皮、稍微切碎

小茴香籽（cumin seeds）2小匙

黑芥末籽（black mustard seeds）2小匙

紅椒 2顆，去籽、切成3 – 4公分小塊

粗海鹽 1小匙

雞蛋 6顆

TO SERVE 上菜用：

簡單的莎莎醮醬（Simple Salsa）第120頁，或市售的瓶裝辣醬

切碎的新鮮紅辣椒

- 將烤箱預熱到220℃ /gas mark 7。將油倒入大碗裡。將馬鈴薯切成1公分厚片，每片再切成4等份，放入碗裡。

- 加入切碎的洋蔥、小茴香籽、芥末籽、碎甜椒和鹽，耐心地將它們充分拌勻，均勻沾裹上油亮種籽。倒入一個大烤盤（我用的約為40×30cm），單層鋪放。

- 烘烤35–40分鐘，直到全部食材完全烤熟，馬鈴薯開始變得酥脆。

- 從烤箱取出。取1顆雞蛋，打入杯子或小碗裡。將烤盤上的馬鈴薯推到一邊，空出一點位置，加入雞蛋。以同樣的方式，處理剩下的雞蛋。雞蛋要均勻分配在烤盤上。

- 將烤盤送回烤箱，加熱5分鐘，直到蛋白凝固，蛋黃仍有些流動感。搭配1小碟的切碎紅辣椒或1瓶辣醬，或是（你喜歡的話）**第120頁**簡單的莎莎醮醬，立即享用。

MAKE AHEAD NOTE 事先準備須知
馬鈴薯可在前一天先切好。用一碗冷水浸泡，覆蓋冷藏。使用前瀝乾並徹底拍乾。

INDEX 索引

- Dairy-free 無奶配方
- Gluten-free 無麥麩配方

僅針對烘焙與嚐點甜單元。

ACKNOWLEDGEMENTS
致謝

為了不讓這一頁文字，看起來像拚了一口氣說完的奧斯卡金像獎得獎感言，我盡量把篇幅縮短，若有遺漏之處，請別以為是我不知感恩。事實上，我對大家的感謝之情，非言語能道盡萬一。首先要感謝 Gail Rebuck，最先啓發了我寫出這本書，也一直不斷鼓勵督促著我。同樣深切的感謝要獻給 Mark Hutchinson 與 Ed Victor，以及 Caz Hildebrand 和 Keiko Oikawa，她們兩位的藝術指導和攝影，為你手上捧的這本書帶來全新的生命。如果沒有以下這些人的傾力協助，本書也無法成形：Clara Farmer, Parisa Ebrahimi, Hettie Potter, Yasmin Othman, Caroline Stearns, Camille Blais, Linda Berlin, Violette Kirton, Megan Hummerstone, Zuzana Kratka 以及 Zoe Wales。

我同樣感謝以下單位與人士的好意與慷慨：Mud Australia（尤其是倫敦部門）, Le Creuset, Netherton Foundry, Grain & Knot, David Mellor, Mason Cash, Fermob, Workshop Living, La Fromagerie，尤其是我在切爾西（Chelsea）的魚販 Rex Goldsmith, HG Walter 的 Adam 和 Daniel ，我的肉販與蔬菜供應商們 Andreas Veg 的 Andreas。

最後我要感謝我的家人、朋友和讀者：你們的支持、鼓勵和一路相伴的熱情，使這個計劃轉變成一本書。